suhrkamp taschenbuch
wissenschaft 645

W0070855

Wiener Kreis – Schriften zum Logischen Empirismus
Herausgegeben von H. L. Mulder (Amsterdam),
R. Hegselmann (Essen), A. J. Kox (Amsterdam),
F. Stadler (Wien)

Hans Hahn gehörte zu den führenden Mitgliedern des Wiener Kreises. In gewisser Weise geht auf ihn sogar die Initiative zur Bildung dieses Kreises zurück: mit der Absicht, den schon bestehenden lockeren philosophischen Gesprächskreis von Hans Hahn, Otto Neurath und Philipp Frank in einem größeren Kreis aufgehen zu lassen und in einem regelmäßigen Rahmen fortzusetzen, setzte sich Hans Hahn erfolgreich für die Berufung Moritz Schlicks nach Wien ein. Bedingt durch den frühen Tod Hans Hahns im Jahre 1934, bedingt aber auch durch die nationalsozialistische bzw. austrofaschistische Machtübernahme in Deutschland bzw. Österreich, gerieten die wichtigen Beiträge Hans Hahns zur logisch-empiristischen Philosophie des Wiener Kreises in unverdiente Vergessenheit.

Mit dem vorliegenden Buch werden zentrale philosophische Arbeiten Hans Hahns wieder zugänglich gemacht. Die Arbeiten betreffen u. a. Grundfragen einer wissenschaftlichen Weltauffassung, das Verhältnis von Empirismus, Mathematik und Logik, den Grundlagenstreit in der Mathematik und die Anwendung von Prinzipien ontologischer Sparsamkeit. Eine von Karl Menger verfaßte Einleitung gibt einen Überblick über Leben und Werk Hans Hahns.

Hans Hahn
Empirismus, Logik, Mathematik

Mit einer Einleitung
von Karl Menger

Herausgegeben
von Brian McGuinness

Suhrkamp

CIP-Titelaufnahme der Deutschen Bibliothek
Hahn, Hans:
Empirismus, Logik, Mathematik /
Hans Hahn. Mit e. Einl. von Karl Menger.
Hrsg. von Brian McGuinness. –
1. Aufl. – Frankfurt am Main : Suhrkamp, 1988
(Suhrkamp-Taschenbuch Wissenschaft ; 645)
ISBN 3-518-28245-X
NE: GT

suhrkamp taschenbuch wissenschaft 645
Erste Auflage 1988
© dieser Ausgabe Suhrkamp Verlag Frankfurt am Main 1988
Suhrkamp Taschenbuch Verlag
Alle Rechte vorbehalten, insbesondere das
des öffentlichen Vortrags, der Übertragung
durch Rundfunk und Fernsehen
sowie der Übersetzung, auch einzelner Teile.
Satz und Druck: Wagner GmbH, Nördlingen
Printed in Germany
Umschlag nach Entwürfen von
Willy Fleckhaus und Rolf Staudt

1 2 3 4 5 6 – 93 92 91 90 89 88

Inhalt

Vorbemerkung des Herausgebers

Die in diesem Band zum ersten Mal zusammengestellten Schriften von Hans Hahn bilden das nicht sehr umfangreiche, aber bedeutende Korpus der philosophischen Arbeiten des berühmten Mathematikers. Ohne sie wäre eine für den Wiener Kreis repräsentative Sammlung unvollständig, denn er gehörte zu den Gründern des Kreises, und dieser verdankt ihm vieles. Einer der hier vorgelegten Beiträge (Kapitel v) war bisher unveröffentlicht, es handelt sich offensichtlich um einen Vortrag, in dem Hahn auf die 1930 von Max Planck in einem berühmten Vortrag gegen den Positivismus erhobenen Einwände antwortet. Karl Menger stellte uns das Manuskript, das er in einem in seinem Besitz befindlichen Exemplar von Plancks Vortrag fand, großzügigerweise zur Verfügung.

Für die Erlaubnis zum Abdruck der hier vorgelegten Texte danken wir Hahns Tochter, Frau Nora Minor; dem Felix Meiner Verlag, Hamburg, für Kapitel II und III; der Akademie der Wissenschaften der Deutschen Demokratischen Republik für Kapitel IV; den *Göttingischen Gelehrten Anzeigen* für Kapitel VI, Franz Deuticke, Wien, für Kapitel VII und VIII, und D. Reidel, Dordrecht, als Nachfolger von Gerold und Co., Wien, für Kapitel IX. Es war uns leider nicht möglich, die Rechtsnachfolger von A. Wolf, Wien (dem ursprünglichen Verleger des I. Kapitels), ausfindig zu machen.

B. McG.

Einleitung

Die Rolle, die Hans Hahn im Wiener Kreis spielte, ist nicht immer hinlänglich gewürdigt worden. Sie war in mehreren Hinsichten von Bedeutung.

Erstens gehörte Hahn zu den drei ursprünglichen Begründern des Kreises. Er und seine Freunde Philipp Frank und Otto Neurath kamen bereits als Studenten der Wiener Universität und dann während des ersten Jahrzehnts unseres Jahrhunderts mehr oder weniger regelmäßig zusammen, um philosophische Fragen zu diskutieren. Als Hahn seinen ersten Ruf annahm (an die Universität von Czernowitz im Nordostzipfel des österreichischen Kaiserreichs) und die Wege der drei Freunde auseinandergingen, beschlossen sie, solche zwanglosen Diskussionen irgendwann in der Zukunft fortzusetzen – vielleicht im Rahmen einer etwas größeren Gruppe und in Zusammenarbeit mit einem Universitätsphilosophen. Verschiedene Ereignisse verzögerten die Ausführung dieses Vorhabens. Im Ersten Weltkrieg wurde Hahn eingezogen, diente in der österreichischen Armee und wurde an der italienischen Front verwundet. Gegen Ende des Krieges nahm er einen Ruf an die Universität Bonn an, der als Anerkennung seiner bemerkenswerten mathematischen Leistungen betrachtet werden darf.[1] In Bonn blieb er bis zum Frühjahr 1921 und kehrte dann nach Wien auf einen Lehrstuhl der Mathematik an seiner Alma mater zurück. Dort wurde 1922 durch den Tod von Adolf Stöhr die Mach-Boltzmann-Professur für Philosophie der induktiven Wissenschaften vakant, und Hahn sah eine Möglichkeit, den alten Plan, den er und seine Freunde gefaßt hatten, in die Tat

---

1 Hahns erste Resultate waren Beiträge zur klassischen Variationsrechnung. Danach wandte er sich dem Studium der reellen Funktionen und Mengenfunktionen zu, vor allem dem Studium der Integrale. Des weiteren veröffentlichte er einen grundlegenden Aufsatz über nichtarchimedische Systeme und erkannte frühzeitig die Bedeutung der Fréchetschen abstrakten Räume. In einem Aufsatz, in dem er den Begriff des lokalen Zusammenhangs einführte, charakterisierte er die Mengen, die ein Punkt in stetiger Bewegung durchlaufen kann, d.h. die stetigen Bilder eines Zeitintervalls oder -abschnitts (die heute häufig als Peanokontinua bezeichnet werden). Dieser Aufsatz ist ein Klassiker der frühen mengentheoretischen Geometrie. Zu Hahns Arbeiten nach dem Kriege siehe unten, Anmerkung 5.

umzusetzen. Es lag hauptsächlich an Hahns Einfluß, daß der damals in Kiel wirkende Moritz Schlick auf diesen Lehrstuhl berufen wurde. Schon bald nach seinem Eintreffen in Wien begann Schlick, Diskussionen für eine kleine geladene Gruppe zu organisieren, in der Hahn und Neurath die ersten ständigen Teilnehmer waren. Frank weilte in Prag, wohin er vor dem Krieg als Nachfolger Einsteins gegangen war, doch mindestens zweimal im Jahr kam er zu Besuch nach Wien. Außerdem waren da Victor Kraft und – auf Hahns Vorschlag – der Geometer Kurt Reidemeister, der 1923 für ungefähr zwei Jahre nach Wien kam. Kurz nach dessen Weggang traf Rudolf Carnap ein und schloß sich der Gruppe an, in die Schlick auch vielversprechende Studenten aus seinem Seminar eingeführt hatte, darunter Herbert Feigl und Friedrich Waismann. So wurde der alte Plan, den er zusammen mit Neurath und Frank gefaßt hatte, letzten Endes durch Hahns Einsatz Wirklichkeit. »Man kann«, schrieb Frank in seinem Nachruf im vierten Band von *Erkenntnis*, »Hahn als den eigentlichen Begründer des Wiener Kreises ansehen«.

Zweitens war es Hahn, der das Interesse des Kreises auf die Logik lenkte. Schlick, ein Schüler Plancks und Bewunderer Einsteins, hatte sich bis dahin vor allem für Naturphilosophie und Erkenntnistheorie interessiert bis hin zu Untersuchungen der axiomatischen Methode (aber nicht darüber hinaus). Otto Neurath und Olga Hahn (Hahns Schwester und später Neuraths Frau) hatten 1909 und 1910 sowohl einzeln als auch zusammen Aufsätze über Boolesche Algebra verfaßt[2], doch danach und besonders während des Krieges wandte Neurath sein Interesse wieder der Ökonomie, der Soziologie und der Geschichte zu, während Frank in der Philosophie der Physik und der Untersuchung der Kausalität aufging. Carnap kannte sich, da er bei Frege studiert hatte, zwar gut aus in der Logik, beschäftigte sich aber zur Zeit seines Wechsels nach Wien hauptsächlich mit der Philosophie der Naturwissenschaften. Hahn begann jedoch gleich nach seiner Rückkehr ein intensives Studium der symbolischen Logik, wobei er damit zusammenhängende philosophische Probleme im Blick

---

2 Zwei dieser Aufsätze – einer von Olga und ein gemeinsam verfaßter – wurden von C. I. Lewis in seinem Buch *A Survey of Symbolic Logic* (Berkeley 1918) mit einem Sternchen gekennzeichnet, was hieß, daß Lewis sie damals zu den Untersuchungen zählte, »die als besonders wichtige Beiträge zur symbolischen Logik gelten«.

behielt. 1922 hielt er eine Vorlesungsreihe über Boolesche Algebra.[3] Im Jahre 1924/25 gab er ein denkwürdiges Seminar über die *Principia Mathematica* von Whitehead und Russell, in dem er im Anschluß an einige einführende Vorlesungen fortgeschrittene Studenten sowie frischgebackene Doktoren und Dozenten kapitelweise über den Inhalt des Buches referieren ließ.[4] Dieses Seminar hatte sehr viele Hörer und war nicht nur für die Entwicklung vieler Wiener Mathematik- und Philosophiestudenten von großer Bedeutung, sondern auch für die Tendenz der Diskussionen innerhalb des Kreises.

Drittens leistete Hahn bis zu seinem vorzeitigen Tod im Jahre 1934 als herausragender Diskussionsteilnehmer einen bedeutenden Beitrag zum Wiener Kreis. Da er zusätzlich zu seiner ausgedehnten Tätigkeit an der Universität sehr interessante mathematische Forschungen betrieb[5], fand er leider nur wenig Zeit, viele seiner bei den Zusammenkünften vorgetragenen Ideen zu veröffentlichen. Doch seine bohrende Kritik, die Klarheit seiner Gedanken und seine Fähigkeit, sie darzustellen, ließen niemanden unbeeindruckt und beeinflußten Neurath und Carnap ebenso wie Schlick und Waismann. »Man kann sagen«, schrieb Frank in seinem bereits zitierten Nachruf, »daß Hahn in gewissem Sinne stets im Mittelpunkt der Gruppe stand. Immer gab er ihre zentralen Ideen wieder, ohne auf nebensächliche Meinungsverschiedenheiten einzugehen. Keiner wußte so gut wie er, jene Grundgedanken auf so einfache und zugleich so gründliche Weise, in so logischer und zugleich so eindringlicher Form darzustellen.«

3 Aus verwaltungstechnischen Gründen wurde diese Veranstaltung als »Seminar« geführt.

4 Ich erinnere mich, selbst über ein Kapitel der *Principia* referiert zu haben, bevor ich im Frühjahr 1925 Wien verließ. Im Gegensatz zu dem, was gelegentlich über Hahns Seminare geschrieben wird, war Wittgensteins Name dort niemals genannt worden, jedenfalls nicht bis zu diesem Zeitpunkt.

5 Nach dem Ersten Weltkrieg veröffentlichte Hahn den ersten Band seiner monumentalen *Theorie der reellen Funktionen* (Band II erschien posthum). Danach wandte er sich wieder der Variationsrechnung zu sowie der Theorie der Integrale von modernen Standpunkten. Einige seiner Resultate wendete er auf Interpolationsprobleme an, und später stellte sich heraus, daß sie für den Wiener Kreis von Interesse waren (siehe unten, Anmerkung 8). Am wichtigsten ist vielleicht, daß er den Begriff und zum Teil auch die Theorie der allgemeinen normierten linearen Räume entwickelte, und zwar zur gleichen Zeit wie – und unabhängig von – Stefan Banach, nach dem sie heute »Banachsche Räume« heißen.

Während Hahns mathematisches Wissen ungewöhnlich umfassend war[6], hielten sich seine Kenntnisse der traditionellen Philosophie eher in Grenzen. Sein Lieblingsautor war Hume, dessen Werke ihm nicht nur in intellektueller Hinsicht gefielen, sondern die er auch sittlich erbauend fand. Große Bewunderung hegte er außerdem für Leibniz, über dessen identitas indiscernibilium er viel nachdachte, und für Bolzano, dessen *Paradoxien des Unendlichen* er herausgab. Kant mochte er andererseits gar nicht, weil sich in dessen Schriften die Bedeutungen der verwendeten Begriffe von einem Kapitel zum anderen und oftmals von einem Satz zum anderen verändern. Unter den neueren Philosophen bevorzugte Hahn Ernst Mach, und während der frühen zwanziger Jahre entwickelte er eine große Bewunderung für die Werke Bertrand Russells. Einige von ihnen besprach er in den *Monatsheften für Mathematik und Physik*. In einer dieser Besprechungen meinte Hahn, eines Tages könnte es sein, daß man Russell als den wichtigsten Philosophen seiner Epoche ansehen würde – eine bemerkenswerte Feststellung zu einer Zeit, da nur wenige Philosophen in Mitteleuropa Russells Schriften kannten oder auch nur Lust hatten, sie kennenzulernen.[7]

Eine Schilderung der späteren Entwicklung seiner Ansichten über Wittgenstein erhielt ich von Hahn selbst, als ich im Herbst 1927 nach Wien zurückkehrte und von ihm und Schlick aufgefordert wurde, mich dem Kreis anzuschließen. Er fragte mich, ob ich vom *Tractatus* gehört hätte. Ich antwortete, ich hätte vor einiger Zeit angefangen, das Buch zu lesen, ohne jedoch über die ersten Seiten hinauszukommen. »Das war auch meine erste Erfahrung«, sagte Hahn, »und ich hatte nicht den Eindruck, das Buch sei überhaupt ernst zu nehmen. Erst als ich vor drei Jahren im Kreis

6 Bei einem der großen Jahrestreffen der deutschsprachigen Mathematiker beschloß eine Gruppe, zu der auch die prominentesten Mitglieder von Hahns Generation gehörten, ihr mathematisches Allgemeinwissen auf die Probe zu stellen. Nach einem System, auf das sie sich im voraus geeinigt hatten, stellten sie einander Fragen auf dem Niveau und in der Art wie beim Rigorosum. Wer eine Antwort schuldig blieb, wurde vom weiteren Wettbewerb ausgeschlossen. Die Konkurrenten schieden einer nach dem anderen aus, und Hahn blieb schließlich als Gewinner übrig, während der bekannte Analytiker und Zahlentheoretiker Edmund Landau zweiter wurde.

7 Hahns Rezensionen der Bücher von Russell, Meyerson und einigen anderen Philosophen sind – von dieser Bemerkung abgesehen – lediglich kurze Zusammenfassungen ihres Inhalts und sind deshalb nicht in diesen Band aufgenommen worden.

Reidemeisters ein ausgezeichnetes Referat darüber hörte und
dann selbst sorgfältig das *ganze* Werk las, ging mir auf, daß es
wahrscheinlich den wichtigsten Beitrag zur Philosophie darstellt,
seit der Veröffentlichung von Russells grundlegenden Schriften.
Im Kreis kam es jedoch zu Auseinandersetzungen über das Buch,
und es gab so viele Meinungsverschiedenheiten über Einzelheiten, daß Carnap vor einem Jahr den Vorschlag machte, wir
sollten, um die Verwirrung aufzuklären, der abschnittweisen
Lektüre des Werks so viele aufeinanderfolgende Sitzungen des
Kreises widmen wie nötig; und in der Tat haben wir das gesamte
vergangene akademische Jahr (1926/27) dieser Aufgabe gewidmet. »*Mir*«, fuhr Hahn fort, »hat der *Tractatus* die Rolle der
Logik klar gemacht.« In späteren Schriften (die im vorliegenden
Band enthalten sind) erläuterte Hahn seine eigene (ein wenig zu
sehr vereinfachende) Auffassung, indem er die Logik beschrieb
als »eine Vorschrift, um dasselbe auf verschiedene Weisen zu
sagen und aus dem Gesagten alles herauszuziehen, was (in stren-
gem Sinne) seine Bedeutung ist«.
In den frühen dreißiger Jahren, nachdem Carnap nach Prag
gegangen war, ergab sich innerhalb des Kreises eine Kontroverse
über ein verwandtes Thema, als Waismann verkündete, über die
Sprache könne man nicht reden. Hahn nahm heftigen Anstoß an
dieser Auffassung. Warum sollte man nicht über die Sprache
reden – wenn auch vielleicht in einer Sprache höherer Stufe?
Worauf Waismann im wesentlichen erwiderte, das würde nicht in
das Gefüge von Wittgensteins neuesten Gedanken passen. Diese
Debatte wiederholte sich bis zu Hahns Tod mehrere Male: Hahn
fragte »Warum?« und Waismann antwortete letzten Endes mit
»Weil«. Schlick ergriff Waismanns Partei, Neurath stand auf
Hahns Seite. Kurt Gödel und ich, die wir uns bei den meisten
Auseinandersetzungen des Kreises zurückhaltend verhielten,
schlugen uns in diesem Fall ganz auf Hahns Seite.
Ein anderer Gegenstand, den Hahn im Kreis zur Sprache brachte,
war eine von ihm entwickelte Geschichtsauffassung – sein Beitrag
zum Neurath-Carnapschen Programm der Einheitswissenschaft.
Trotz meiner starken Vorbehalte gegenüber dem allgemeinen
Programm spürte ich, daß Hahns interessanter und – soweit ich
wußte – origineller Gedanke von jenen allgemeinen Dingen ganz
unabhängig war. Sein Ausgangspunkt war Poincarés Bemerkung,
daß Physiker sich nicht für historische Aussagen wie *Cäsar*

überschritt den Rubikon interessieren, weil diese keine Vorher-
sagen liefern: Cäsar wird den Rubikon nicht noch einmal über-
schreiten. Hahn bestritt einen Teil dieser Bemerkung Poincarés.
Er wies darauf hin, daß Behauptungen über Cäsar auf zahllosen
alten Manuskripten, Gemälden, Dokumenten, Ausgrabungen,
und dergleichen beruhen und daß der Kern der Aussage – der
weitere Verifikation oder Falsifikation zuläßt – tatsächlich eine
Vorhersage ist, nämlich die Vorhersage, daß alle künftig zu
findenden alten Manuskripte, Bilder, Dokumente usw. mit den
jetzigen Behauptungen übereinstimmen.
Bei mehreren Gelegenheiten halfen die Mathematiker des Kreises
den Philosophen, indem sie ihnen technische Informationen, die
des öfteren ihre eigenen Forschungsresultate betrafen, lieferten.
Ich erinnere mich z. B. an eine Diskussion über induktive Vorgänge in der Physik. Um Formeln zu erhalten, die sowohl
tatsächliche als auch potentielle Beobachtungen beschreiben,
schlugen Carnap und Schlick die Interpolation vor – das Durch-
gehen eines Polynoms durch die endliche Anzahl der Beobachtungsdaten. Hahn überzeugte sie von der Undurchführbarkeit
dieses Gedankens, indem er die Resultate eines seiner Artikel
referierte.[8] Geht man aus von einer gegebenen stetigen Kurve K,
kann sich folgendes Phänomen einstellen: Man beginnt mit einer
endlichen Menge M_1 von Punkten auf K und interpoliert, wodurch man die Kurve K_1 erhält; sodann fügt man M_1 ein paar
Punkte hinzu, erhält eine Menge M_2 und durch Interpolation eine
Kurve K_2 usw. Es braucht jedoch nicht einzutreten, daß die
Kurven K_1, K_2, ... immer näher an K herankommen. Es kann
nämlich sein, daß zwischen den Punkten der Menge M_n, in denen
K_n und K übereinstimmen, die Kurve K_n stark von K fort-
schwingt, und bei zunehmendem n können immer mehr Schwin-
gungen mit merklichen Amplituden zusammenkommen und es
verhindern, daß sich die Kurven K_n, K_{n+1}, ... überhaupt einer
stetigen Kurve nähern. A fortiori kann sich dasselbe auch in der
realistischeren Situation ergeben, in der ausgangs keine Kurve K
gegeben ist, sondern nur eine (potentiell unendliche) Menge von
Punkten, die für Beobachtungsdaten stehen.
Hahns Rolle wurde von Carnap und Neurath ebenso wie von
Schlick und Waismann oft dankbar anerkannt. So wurde Hahn

8 *Mathematische Zeitschrift*, Bd. 1. Dies ist der Aufsatz, auf den in Anmerkung 5
  Bezug genommen wird.

während Schlicks Amerikaaufenthalt 1929 von Frank aufgefordert, auf dem ersten Kongreß für Erkenntnistheorie der Wissenschaften (in Prag) die Eröffnungsansprache zu halten, und Neurath und Carnap baten ihn, als Hauptunterzeichner der Programmschrift *Wissenschaftliche Weltauffassung* aufzutreten.

Hahns Ansprache (Kapitel 11 dieses Buches) formulierte mit meisterhafter Bündigkeit und Präzision eine Art Glaubensbekenntnis des logischen Positivismus und der wissenschaftlichen Weltanschauung. Sie stellte sie in Gegensatz zum Mystizismus, zur Metaphysik und verschiedenen anderen Tendenzen, die damals in der Philosophie (insbesondere in der deutschen Philosophie) vorherrschend waren, und grenzte sie auch ab gegenüber dem reinen Empirismus und Rationalismus.

Die Programmschrift (deren Entstehung zu beobachten ich Gelegenheit hatte) wurde hauptsächlich von Neurath verfaßt[9]; Carnap war bis zu einem gewissen Grade an der Arbeit beteiligt; Hahn erhielt den letzten Entwurf.[10] Die Broschüre war gut geschrieben und in verschiedener Hinsicht informativ. Doch Schlick, dem sie gewidmet war, war nicht ganz einverstanden, als er sie bei seiner Rückkehr nach Wien erhielt. Schlick zufolge fehlte ihr die Tiefe und die Präzision von Hahns Ausführungen vor dem Prager Kongreß. Außerdem enthielt die Broschüre politische Ansichten und Tendenzen, die Neurath niemals völlig von erkenntnistheoretischen Einsichten trennte, während Schlick stets darauf pochte, man müsse diese von Werturteilen jeglicher Art streng getrennt halten. Darüber hinaus war die Darstellung (wenn auch nur nebenbei) so angelegt, als sei sie Ausdruck der Meinung aller Mitglieder dieser höchst individualistischen Gruppe, während einige – darunter Schlick selbst – nicht völlig einverstanden waren.[11]

9 Nicht zu Unrecht hat man deshalb eine Übersetzung der Broschüre in die Sammlung von Neuraths Schriften *Empiricism and Sociology* aufgenommen (Bd. 1 der Vienna Circle Collection, Kapitel IX).

10 Hahn gab seine Unterschrift, obwohl er die Broschüre etwas anders geschrieben hätte und nicht in allen Einzelheiten völlig damit übereinstimmte – eine jener Konzessionen, zu denen er sich gelegentlich um des lieben Friedens willen bereit fand. Er hatte eine nicht zu unterdrückende Neigung, zwischen entgegengesetzten Ansichten und streitenden Menschen zu vermitteln.

11 Aus denselben Gründen sowie wegen der meines Erachtens oberflächlichen Ansichten über die Sozialwissenschaften fühlte auch ich mich durch die Bro-

In seinen späteren Jahren verwandte Hahn einen kleinen, aber nicht unbeträchtlichen Teil seiner freien Zeit auf parapsychologische Studien. Viele Freunde und Bewunderer seines Intellekts fanden dieses Interesse sehr merkwürdig und fragten sich, wie das Thema der Parapsychologie in einer so streng wissenschaftlich orientierten Gruppe wie dem Wiener Kreis auch nur aufs Tapet gebracht werden konnte. Eine teilweise Erklärung kann wohl in der Art und Weise, wie Hahns Interesse geweckt wurde, gesehen werden. In den ersten Jahren nach dem Ersten Weltkrieg war ein neuer Zustrom von Medien in Wien aufgetaucht. Von der Creme der Gebildeten wurden sie mit äußerster Skepsis betrachtet. Endlich geschah es eines Tages in den frühen zwanziger Jahren, daß die Zeitungen behaupteten, zwei Physikprofessoren der Wiener Universität – Stephan Meyer und Karl Przibram – hätten den ganzen spiritualistischen Schwindel aufgedeckt. Wie die Presse ausführte, war folgendes geschehen: Professor Meyer hatte eine Menge Leute zu einer spiritistischen Sitzung eingeladen. Die Gäste, die im Kreis dasaßen und sich im dunklen Zimmer an den Händen hielten, hatten deutlich das Phänomen der Levitation wahrgenommen – genauer gesagt, eine Figur in Weiß hatte sich mehrere Fuß hoch in die Luft erhoben. In diesem Augenblick jedoch, als man nicht damit rechnete, hatte der Gastgeber das Licht angeschaltet, und jeder konnte sehen, daß die Erscheinung niemand anders war als der hochgewachsene Professor Przibram, dem es im Dunkeln gelungen war, sich ein Bettuch überzuziehen und auf einen Stuhl zu klettern. Inmitten des allgemeinen Gelächters behaupteten die beiden Physiker, sie hätten eine Levitation produziert und die Medien bloßgestellt.

Selbstverständlich waren die parapsychologischen Gruppen empört, und nun trat einmal die Umkehrung der gewöhnlichen Situation ein und die Medien nannten alle Wissenschaftler Schwindler. Aber auch in der Gemeinschaft der Intellektuellen war man hell entrüstet, und von einer Gruppe, der neben Schlick und Hahn der hervorragende Neurophysiologe und Physiker Julius von Wagner-Jauregg, der Physiker Hans Thirring und viele andere (zumeist Naturwissenschaftler) angehörten, wurde ein

schüre dem Kreis ein wenig entfremdet, ja, dieses Gefühl ging so weit, daß ich Neurath bat, mich von nun an lediglich unter den dem Kreis *Nahestehenden* aufzuführen (vgl. *Erkenntnis* 1, S. 312). Gödel wurde dem Kreis durch die Programmschrift sogar noch stärker entfremdet.

Gremium zur ernsthaften Untersuchung der Medien gebildet. Sehr schnell jedoch begannen einzelne Mitglieder sich von der Gruppe zu trennen: zuerst Wagner-Jauregg, bald darauf Schlick. 1927 gehörten außer Nichtwissenschaftlern nur noch Hahn und Thirring der Gruppe an. Sie waren zwar, wie sie mir berichteten, von der Echtheit der von den Medien erzeugten Phänomene keineswegs überzeugt, doch noch weniger sicher waren sie sich, daß alle diese Phänomene unecht waren. Sie hielten es vielmehr für durchaus möglich, daß sich einige parapsychologische Behauptungen rechtfertigen ließen, und meinten, die Sache verdiene es gewiß, daß man sie ernsthaft weiteruntersuchte.

Hahn widmete diesem Thema ein paar interessante öffentliche Vorträge, aus denen mir insbesondere zwei Punkte im Gedächtnis geblieben sind. Der eine stammte von dem französischen Physiologen Charles Richet, einem der ersten Nobelpreisträger. Er hatte vorgeschlagen, man solle sich eine Welt vorstellen, in der alle Menschen bis auf ein paar verstreute Einzelpersonen den Geruchssinn völlig verloren haben. Auf dem Weg zwischen zwei hohen Steinmauern könnte einer dieser wenigen sagen: »Hinter diesen Mauern sind Rosen«, und zur Verwunderung aller würde festgestellt, daß seine Behauptung zutrifft. Es könnte auch sein, daß er, wenn er eine Schublade ein wenig öffnet, sagt: »In dieser Schublade ist Lavendel«, und falls sich keiner darin fände, würde er darauf beharren: »Dann *war* eben Lavendel in dieser Schublade.« Und wie nicht anders zu erwarten, würde sich herausstellen, daß vor zwei Jahren tatsächlich Lavendel in dieser Schublade gewesen war. Sind Medien mit außerordentlichen Wahrnehmungen und ungewöhnlichen Fähigkeiten in unserer Welt das, was in Richets Welt die wenigen Menschen mit Geruchssinn sind?

Der zweite Punkt stammt von Hahn selbst. Einige Medien behaupten, daß große Denker und Dichter durch sie sprechen, während sie in Trance sind, doch in Wirklichkeit bringen diese Medien nur Wortreihen vor, die weit unter dem Niveau ihrer vermeintlichen Urheber liegen. Dieses wohlbekannte Faktum wird üblicherweise als Beweis dafür interpretiert, daß die ungebildeten Medien schlicht das sagen, was *ihrer* Meinung nach von dem eigentlichen Urheber gesagt werden würde. Hahn wies jedoch darauf hin, daß viele Kundgaben der Medien *so* trivial und unzusammenhängend sind, daß selbst ein ungebildetes Medium sie nicht für Äußerungen ihrer vermeintlichen Urheber halten würde, ja daß sie entschieden unter dem Niveau des Mediums selbst liegen. Für Hahn war dies ein Hinweis darauf, daß solches Geplapper kein Erzeugnis des bewußten Geistes des Mediums ist, sondern unterbewußt hervorgebracht wird. Gerade seine Trivialität – zusammen mit dem gequälten Stammeln, mit dem das Geschwätz häufig geäußert wird – deutete für Hahn darauf hin, daß man es in vielen Fällen mit einem *echten* Phänomen *irgendeiner Art* zu tun hat.

Hahns Klarheit in seinen öffentlichen Vorträgen war nicht zu überbieten, aber auch seine täglichen Übungen bereitete er mit peinlicher Sorgfalt vor. Er bediente sich einer Technik, deren Handhabung er so auf die Spitze trieb, wie ich es bei keinem anderen gesehen habe: Er ging in kaum wahrnehmbaren Schritten vor, und am Ende jeder Stunde blieben seine Hörer ganz verwundert angesichts der bewältigten Stoffmenge. Wie anregend seine Vorlesungen waren, habe ich am Beispiel der Wirkung zu beschreiben versucht, die seine erste Vorlesung nach seiner Rückkehr nach Wien im Jahre 1921 auf mich ausübte (Kapitel 21 meines Buches *Selected Papers in Logic and Foundations, Didactics, Economics* (Bd. 10 der Vienna Circle Collection).

Politisch gesehen war Hahn zutiefst überzeugter Sozialist und aktiv beteiligt an mehreren Phasen der Entwicklung der sozialdemokratischen Bewegung. Er scheute keine Mühe, um der Öffentlichkeit zu dienen. Insbesondere setzte er sich für die Erwachsenenbildung ein, und für fähige mittellose Studenten tat er, was in seinen Kräften stand. Wo er Ungerechtigkeit oder Unterdrückung erblickte, versuchte er den Geschädigten zu helfen. Einmal passierte es auf der Straße, daß ein Fiaker sein Pferd quälte, und als er Hahns Ermahnungen in den Wind schlug, schleppte dieser den Rüpel zur Polizei. Hahn wurde von allen geachtet, auch von seinen Gegnern.

Karl Menger

Hans Hahn
Empirismus, Logik,
Mathematik

Überflüssige Wesenheiten
(Occams Rasiermesser)*

In dem wirren Vielerlei philosophischer Systeme kann man, wie mir scheint, zwei Haupttypen unterscheiden: Systeme *weltzugewandter* und Systeme *weltabgewandter* Philosophie. Die *weltzugewandte* Philosophie baut ganz auf die uns durch die Sinne kundgetane Welt, sie nimmt diese Welt, wie sie sich darbietet, in ihrer Unbeständigkeit, ihrer Regellosigkeit, ihrer Buntheit, und sucht sich in ihr zurechtzufinden, sich mit ihr abzufinden, sie zu genießen. Das einzig Wesenhafte ist ihr das durch die Sinne Kundgetane; sie verabscheut es, außerhalb dieser Sinnenwelt nach andersgearteten Wesenheiten zu fahnden. Die *weltabgewandte* Philosophie hingegen mißtraut den Sinnen, hält die Sinnenwelt für Lug und Trug, für bloßen *Schein*, und sucht nach wahren Wesenheiten, nach wahrhaftem *Sein*, hinter der durch die Sinne vorgetäuschten Welt des Scheins. Letzte Ursache für diese so verschiedene Art des Philosophierens dürften wohl gewisse psychologische Grundstimmungen sein: ein gewisser Optimismus auf der einen, ein gewisser Pessimismus auf der anderen Seite. Wer sich in der Sinnenwelt wohl fühlt, wer imstande ist, sich ihrer zu freuen, wird nicht nach Wesenheiten hinter ihr Ausschau halten; wer aber in ihr seine Befriedigung nicht findet, wem es versagt ist, diese Welt der Sinne zu genießen, der will Zuflucht finden in einer Welt andersgearteter Wesenheiten. Und so erweist sich die weltabgewandte Philosophie auch als ein immer wieder benütztes Mittel, um die Menge derer, die mit Recht nicht sehr zufrieden sind in *dieser* Welt, auf eine andere Welt zu vertrösten; und diesem Umstande zumeist verdankt es vielleicht die weltabgewandte Philosophie, daß sie durch zwei Jahrtausende eine ziemlich unbestrittene Herrschaft führen konnte, die erst in unseren Tagen ernstlich ins Wanken gerät. Doch von dieser, ich möchte sagen politischen und ökonomischen Rolle der weltabgewandten Philosophie soll hier nicht die Rede sein. Wohl aber

---

* Zuerst erschienen in der Reihe *Veröffentlichungen des Vereines Ernst Mach*, Verlag Artur Wolf, Wien 1930.

müssen wir uns – ganz kurz nur und ganz schematisch – die Gedankengänge ansehen, die weggefüht haben von der Sinnenwelt.

Da beruft man sich auf Fälle, wo uns die Sinne anscheinend täuschen. Ein ins Wasser gesteckter Stab z. B. scheint uns geknickt, aber in Wirklichkeit ist er doch gerade; die Fata Morgana zeigt uns herrliche Palmenhaine mitten in der Wüste, kommt man aber hin an den Ort der vermeintlichen Oase, so findet man nichts dort als Sand; man sieht einen Regenbogen in deutlichen Farben an einer ganz bestimmten Stelle, begibt man sich aber an diese Stelle, so regnet es dort, sonst nichts. Und nun heißt es: wer einmal lügt, dem glaubt man nicht! Da uns die Sinne *manchmal* betrügen, vielleicht betrügen sie uns *immer*. Schaut man durch rotes Glas, so sieht alles rot aus; hielte ein Dämon jedem von uns jederzeit eine rote Scheibe vor die Augen, würden wir nicht glauben, daß alles rot *ist*? Vielleicht ist wirklich ein solcher Dämon da, der uns fortwährend ein Blendwerk vormacht, weil es ihn freut, uns zum Narren zu halten? Vielleicht ist es auch kein Dämon, sondern ein allgütiger und allgerechter Gott, der uns bestraft, weil wir einmal etwas angestellt haben, das ihn ärgert?

Gedankengänge solcher Art mögen es gewesen sein, die zum Mißtrauen gegen die Sinnenwelt geführt haben. Wenn man aber den Sinnen mißtraut, wem sollte man denn trauen? Und da wird uns geantwortet: dem *Denken*. Das Denken, so heißt es, erfaßt nicht gleich den Sinnen bloßen Schein, es erfaßt das wahre wesenhafte Sein, und drum müssen die wahren Wesenheiten so sein wie die Begriffe unseres Denkens. Diese Begriffe aber sehen ganz anders aus als die Gegenstände der Sinnenwelt. In der Sinnenwelt finden wir viele Pferde – aber es gibt nur *einen* Begriff »Pferd«; ein Pferd der Sinnenwelt wird geboren, ist erst jung, dann wird es alt, dann stirbt es – der Begriff »Pferd« aber wird nicht geboren, wird nicht älter und stirbt nicht; die einzelnen Pferde der Sinnenwelt bewegen sich, verändern sich, entstehen, vergehen – der Begriff »Pferd« aber ist unveränderlich und unbeweglich, ist nicht dem Werden und Vergehen unterworfen. Und so schloß nun Plato, die Welt unserer Sinne, die bunte, vielgestaltige, wechselnde, in der alles wird und vergeht und nichts Bestand hat, sei nicht die Welt des wahren Seins; die Welt wahren Seins sei eine Welt der *Ideen,* von denen unsere Begriffe uns ein Abbild liefern; in der thront irgendwo und irgendwie die Idee »Pferd«, unentstanden und unvergänglich, unbewegt und unveränderlich und einheitlich; den Pferden der Sinnenwelt aber kommt ein Sein nur insoferne zu, als sie an der Idee »Pferd« teilhaben – was das allerdings heißen soll, ist schwer zu sagen.

Eine noch abstrusere Lehre stellten die mit Plato ungefähr gleichzeitigen Philosophen der *eleatischen Schule* auf. Während Plato im Gegensatze zu den vielen Pferden der Sinnenwelt nur *eine* Idee »Pferd« als wahrhaft seiend annahm, so lehrte er doch, daß es in der Welt des wahren Seins viele verschiedene Ideen gebe: eine Idee des Menschen und des Löwen, und des Wahren, des Guten, des Schönen, und eine Idee der Zwei, und der Drei usw. Den Eleaten aber schien schon jede Vielheit dem wahren Sein zu widersprechen und sie lehrten, das wahrhaft Seiende sei Eines, unentstanden, unvergänglich, unbewegt, unveränderlich und undifferenziert.

So sucht die weltabgewandte Philosophie hinter der Flucht der Erscheinungen, der sie mißtraut, nach dem ruhenden Pol, dem sie vertrauen kann. Aber wo immer man außerhalb der Mathematik und Geographie das Wort Pol hört, ist größte Vorsicht am Platze. Worte wie Pol, polar, kosmisch und viele andere gehören in ein Verbrecheralbum der philosophischen Terminologie, und Sätze, in denen diese Worte vorkommen, klingen zwar sehr tief, aber in Wirklichkeit sind sie meist völlig bodenlos.

Damals nun, in den Tagen Platos, vierhundert Jahre vor Christi Geburt, trug die weltabgewandte Philosophie den Sieg davon über die weltzugewandte Philosophie des Demokrit und seit damals blieb sie – wenn auch etwas gemildert durch Aristoteles – trotz starker Gegenströmungen, wie der der Epikuräer, herrschend durchs ganze Altertum, als kirchlich-scholastische Philosophie durchs ganze Mittelalter, als Rationalismus in der neueren Zeit, und in den Systemen des deutschen Idealismus bis auf unsere Tage – und wie sollte es auch anders sein: die Deutschen sind ja bekanntlich das Volk der Denker und Dichter. Allmählich aber dämmert doch der Tag, und die Befreiung kommt von dort, von wo auch die politische Befreiung in die Welt kam, von England: die Engländer sind ja bekanntlich das Volk der Krämer. Die leuchtendsten Namen am Wege dieser Befreiung sind: John Locke, David Hume, und als unser Zeitgenosse Bertrand Russell, der englische Adelssproß, der während des Krieges wegen antimilitaristischer Gesinnung im Gefängnis saß. Und es ist gewiß kein Zufall, daß es dasselbe Volk war, das der Welt die Demokratie und die Wiedergeburt der weltzugewandten Philosophie schenkte, und es ist kein Zufall, daß in dem Lande, in dem die Metaphysik hingerichtet wurde, auch ein Königshaupt fiel. Denn alle die hinterweltlichen Wesenheiten der Metaphysik: die Ideen Platos, und das Eine der Eleaten, die reine Form und der erste Beweger des Aristoteles, und die Götter und Dämonen der Religionen, und die Könige und Fürsten auf Erden, sie alle bilden eine Schicksalsgemeinschaft – und wenn der Purpur fällt, muß auch der Herzog nach.

Doch die Waffen der weltzugewandten Philosophie sind nicht das Schwert und das Beil des Henkers – so blutdürstig ist sie nicht – und doch sind ihre Waffen scharf genug. Und von einer dieser Waffen will ich heute sprechen: von Occams *Rasiermesser*. Wilhelm von Occam, der doctor invincibilis (der unbesiegbare Doktor) der scholastischen Philosophie, der venerabilis inceptor (der ehrwürdige Wiedererneuerer) der Nominalistenschule war – welch merkwürdiger Zufall – ein Engländer, wie John Locke, wie David Hume, wie Bertrand Russell. Er lebte 1280-1340, also im tiefsten Mittelalter. Und sein Rasiermesser, das die hinterweltlichen Wesenheiten wegfegt wie die Sense das Gras auf der Wiese, ist der Satz: »Entia non sunt multiplicanda praeter necessitatem« – zu deutsch: Man soll nicht mehr Wesenheiten annehmen, als unbedingt nötig ist. Das Wort »entia« (Seiendes) würde einem Gymnasiasten in der Schularbeit rot angestrichen; denn das klassische Latein, bekanntlich die logischste aller Sprachen, hatte kein Participium praesentis von »esse« (sein), sie konnte »seiend« nicht sagen; und Seneca klagt, daß wenn man das ὄν (seiend) der griechischen Philosophie übersetzen wolle, man sagen muß: »quod est« (das, was ist); das Wort »ens« ist eine späte künstliche Bildung.

Kehren wir zurück zu Occams Leitsatz. Um den Sinn dieses Satzes aus der Zeit seiner Entstehung zu verstehen, müssen wir ein Wort über den sogenannten *Universalienstreit* des Mittelalters sagen. Die Universalien, das sind die Allgemeinbegriffe: der Begriff »Pferd« im Gegensatz zu den Einzelpferden, die es wirklich gibt, die sich in der Welt vorfinden. Die der Sinnenwelt abgewandte Philosophie behauptete nun, als Fortsetzerin der Ideenlehre Platos, daß diesen Allgemeinbegriffen Wesenheiten entsprechen, die in irgend einer Ideenwelt reale Existenz besitzen; ihre Vertreter hießen deshalb *Realisten*. Die der Sinnenwelt zugewandte Philosophie aber sagt: es ist genug mit den Pferden, die sich in der Sinnenwelt vorfinden; eine Wesenheit, die dem Begriffe Pferd entspricht, eine Idee »Pferd« noch daneben als existent anzunehmen, ist überflüssig. »Sufficiunt singularia, et ita tales res universales omnino frustra ponuntur« – zu deutsch: »Es genügen die Einzeldinge, und so werden diese Allgemeingegenstände gänzlich überflüssigerweise angenommen.« Und weil sie überflüssig sind – und dies ist die Anwendung von Occams Rasiermesser – weg mit ihnen! – Nach dieser Auffassung der weltzugewandten Philosophie entsprechen also den Universalien keine Wesenheiten, diese Universalien sind vielmehr bloße Namen, »nomina«, und deswegen heißen die Anhänger dieser Richtung *Nominalisten*. Also: die Realisten waren die Weltabgewandten, die Nominalisten waren die Weltzugewandten, und Occam war der Führer der Nominalisten.

In diesem Zusammenhange müssen wir auch einige Worte über das Leben Occams sagen. Er war Franziskaner – die Orden waren damals die Träger des geistigen Lebens – und Occam war nicht ungläubig, das kann man von einem Philosophen der damaligen Zeit nicht verlangen. Aber trotzdem war er Freigeist; und seine Freigeistigkeit äußerte sich darin, daß er sagte, das Denken könne niemals die Dogmen der Kirche, die Existenz Gottes ergeben. Wir werden sofort sehen, in welch enger Beziehung diese Lehre zum Gegensatz von weltabgewandter und weltzugewandter Philosophie steht. In einem französischen Dictionnaire de philosophie las ich: »Téméraire en philosophie, il fut insubordonné en religion«, zu deutsch: »Verwegen in der Philosophie, war er unbotmäßig in der Religion.« Er wurde aus dem Orden der Franziskaner ausgestoßen, von den Universitäten vertrieben und vor das Gericht des Papstes nach Avignon geladen; er wurde sogar zur Strafe ewigen Gefängnisses verurteilt, die er allerdings nicht abgesessen hat. Die damaligen Päpste beanspruchten den Vorrang der geistlichen Macht des Papstes vor der weltlichen Macht der Kaiser und Könige. Occam schloß sich Ludwig dem Bayern, dem deutschen Kaiser, dem Gegner des Papstes an. Sie sehen: Hie Waiblingen! Und der Kampf der Waiblinger, die für die weltliche Macht des Kaisers waren, gegen die Welfen, die für die geistliche Macht des Papstes waren, dieser jahrhundertelange Kampf der Ghibellinen und der Guelfen, auch er ist nur ein Teil des ewigen Kampfes der Weltzugewandten und der Weltabgewandten, so wie in der Philosophie der Kampf der Nominalisten und Realisten.

Sprechen wir weiter vom Gegensatz zwischen weltzugewandter und weltabgewandter Philosophie! Wir haben gesehen: die erste vertraut den Sinnen und sieht in der Sinnenwelt die wahren Wesenheiten; die zweite mißtraut den Sinnen und verläßt sich auf das Denken, das ihrer Meinung nach den Zugang zur Welt der wahren Wesenheiten liefert. Wir sind der Überzeugung, daß das eine ungeheuerliche Überschätzung des Denkens ist. Denn alles Denken ist bloßes Umformen, nie kann das Denken zu etwas Neuem führen. Eine grundlegende Erkenntnis der jüngsten Zeit besagt: alles logische Denken ist tautologisch; es kann nur dazu verhelfen, schon Gesagtes anders zu sagen, nie kann es dazu verhelfen, etwas Neues zu sagen. »Alle Menschen sind sterblich, Alexander ist ein Mensch, also ist Alexander sterblich« – ungefähr wie dieses Beispiel sieht alles Denken aus. Wenn aber Alexander ein Mensch ist, und ich sage: »Alle Menschen sind sterblich«, so habe ich doch schon mit ausgesprochen, daß Alexander sterblich ist, und der Schlußsatz: »Also ist Alexander sterblich«, liefert somit nichts Neues. Das Denken ist also ganz außerstande, uns aus der Sinnenwelt in eine Welt andersgearteter Wesenheiten zu führen; es kann keine logische Gedankenkette geben, die in der Sinnenwelt beginnt und in einer Welt andersgearteter Wesenheiten endigen würde. Und nun sehen wir wieder, wie sehr Occam Geist von unserem Geiste war. So wie wir heute lehren, daß kein Denken aus der Sinnenwelt zu hinterweltlichen Wesenheiten führen kann, so lehrte er damals, daß kein Denken zu Gott und den Dogmen der Kirche führen kann; die bleiben einer anderen Domäne überlassen: der des Glaubens. Er glaubte daran, heute glauben viele nicht daran; *der* Unterschied aber ist erkenntnistheoretisch genommen nicht groß, so wie es, erkenntnistheoretisch genommen, keinen Unterschied ausmacht, daß der eine Narkotika liebt, und der andere nicht.

Ist so der erste Grundfehler der weltabgewandten Philosophie die Überschätzung des Denkens, so ist ihr zweiter Grundfehler die Überschätzung der *Sprache*. Die Sätze unserer Sprache sind im wesentlichen so gebaut: sie sagen von einem Subjekt, eventuell mehreren Subjekten, ein Prädikat aus. »Dieses Kreidestück ist weiß.« »Dieses Kreidestück und dieses Kreidestück sind weiß.«

So weit wäre alles in Ordnung. Die Sprache sagt aber auch: »Dieses Kreidestück und dieses Kreidestück sind gleichfarbig.« Die Sprache tut also so, als ob – wie früher jedem der beiden Kreidestücke die Eigenschaft »weiß« – so jetzt jedem von beiden die Eigenschaft »gleichfarbig« zugeschrieben würde. Das ist aber offenbar Unsinn: »Gleichfarbig« ist nicht eine Eigenschaft eines Individuums, wie etwa »weiß«, sondern ist eine Beziehung, eine Relation zwischen zwei Individuen. Die Welt hat nicht die einfache Subjekt-Prädikat-Struktur, wie die Sprache sie vortäuscht. Im Gegenteil, es scheint, daß mit fortschreitender Erkenntnis die Subjekt-Prädikat-Struktur immer mehr zurückgedrängt wird zugunsten der Relationsstruktur. Einsteins Relativitätstheorie ist ein gewaltiger Schritt vorwärts auf diesem Wege. Auf die Spitze getrieben ist die Subjekt-Prädikatform in Sätzen wie: »Es regnet«, »Es schneit«, »Es donnert«.

Jedenfalls ist es ganz verfehlt, aus der Struktur der Sprache auf die Struktur der Welt zu schließen. Man hört zwar oft vom Tiefsinn der Sprache reden, aber das ist größtenteils Phrase. Die Sprache ist in Urzeiten entstanden, in Zeiten, da unsere Vorfahren sich auf einem nichts weniger als tiefsinnigen Niveau befanden. Unsere Vettern, die Menschenaffen, sind gewiß nicht sehr tiefsinnig, und es ist absurd, anzunehmen, daß der Entwicklungsgang der Menschheit von einem affenähnlichen Zustand zum heutigen durch eine Epoche besonderen Tiefsinns geführt habe. Die Sprache ist demnach ein außerordentlich unvollkommenes Instrument, aus dem immer wieder die Primitivität der Urzeiten hervorgrinst, wie etwa, wenn ein höchst aufgeklärter Freigeist sich eines Unbehagens nicht verwehren kann, wenn er als Dreizehnter bei Tische sitzt oder auf dem Wege zu einer wichtigen Unternehmung einem alten Weibe begegnet.

So wie nun die weltabgewandte Philosophie die Macht des Denkens überschätzt, so überschätzt sie auch die Bedeutung der Sprachformen. Man kann von ihr wohl sagen: Wo ein Subjekt sich findet, stellt eine Wesenheit zur rechten Zeit sich ein. Und man könnte sich fast wundern, daß sich in der Geschichte der Philosophie nicht ein Kapitel findet, in dem die »Es« der Sätze »Es regnet«, »Es donnert«, »Es schneit« zu Wesenheiten hypostasiert sind und wo mit allem Scharfsinn und allem Tiefsinn untersucht wird, ob das regnende Es, das donnernde Es und das schneiende Es dieselbe Wesenheit seien, oder verschiedene

Wesenheiten, und welche Beziehungen zwischen ihnen bestehen.

Als Beispiel für diese Überschätzung der Sprache wollen wir uns ganz kurz die Lehre von den sogenannten *unmöglichen Gegenständen* ansehen. »Ein hölzernes Eisen existiert nicht.« Das ist, so sagte man, ein wahrer Satz; von seinem Subjekte »hölzernes Eisen« wird in giltiger Weise ein Prädikat ausgesagt, nämlich die Nichtexistenz. Da sich nun, so wurde weiter geschlossen, vom hölzernen Eisen in giltiger Weise etwas aussagen läßt, so muß es doch in irgend einer Weise irgend etwas sein. Trotz seiner Nichtexistenz muß es also doch irgend einen Gegenstand, einen unmöglichen Gegenstand hölzernes Eisen geben. So behauptet es die Lehre von den unmöglichen Gegenständen; und sie beansprucht sogar Bedeutung für die Mathematik, da die Mathematik in den indirekten Beweisen sinnvoll mit unmöglichen Gegenständen operiere. Diese Lehre ruht durchaus auf einer Irreführung durch die Sprachform. Wir haben aber heute eine Sprache, die viel weniger unvollkommen ist als die verschiedenen Wortsprachen: das ist die Sprache der *symbolischen Logik*. Sie drückt den in Rede stehenden Sachverhalt in unsere Sprache rückübersetzt so aus: Die Aussage »X ist Eisen und X ist hölzern« ist für jeden Gegenstand X falsch. Nach dieser Korrektur der Sprache sehen wir, daß in der neuen Formulierung keinerlei unmöglicher Gegenstand mehr vorkommt. Gehe ich sämtliche wirklichen Gegenstände X der wirklichen Welt durch, so stelle ich fest: keiner von ihnen ist zugleich Eisen und hölzern. Ich brauche also keinen unmöglichen Gegenstand anzunehmen, um den Satz: »Ein hölzernes Eisen existiert nicht«, zu verstehen; und nun setzt Occams Rasiermesser an: die unmöglichen Gegenstände sind überflüssige Wesenheiten, also weg mit ihnen! Wir brauchen keine Sphäre, in der unmögliche Gegenstände eine Art von Sein, eine Art von Bestand haben, ein schattenhaftes Dasein führen.

Als nächstes Beispiel für die Tätigkeit von Occams Rasiermesser betrachten wir die Lehre von *Zeit und Raum*. Sprechen wir zuerst von der Zeit! Die metaphysisch gerichteten Philosophen nehmen eine Wesenheit »Zeit« an, in der die von uns sinnlich erlebten Ereignisse hinfließen. Diese Wesenheit Zeit, so lehren sie, setzt sich zusammen aus einfachen Wesenheiten, den ausdehnungslosen Zeitmomenten oder Zeitpunkten. Sehen wir uns das vom Standpunkt einer weltzugewandten Philosophie an. Da haben wir die Vorgänge in der Sinnenwelt, die wir erleben, sonst nichts. Manche solche Vorgänge erleben wir als (ganz oder teilweise) gleichzeitig. Von manchen anderen erleben wir den einen als früher, den anderen als später. Und diese Gleichzeitigkeits- und Sukzessionserlebnisse sind ebenso wirkliche und ursprüngliche Erlebnisse wie die Erlebnisse etwa unseres Gesichtssinnes oder unseres Tastsinnes. Man darf sich da nicht durch die Sprache irremachen lassen, durch die Worte »zur gleichen Zeit«, als müßte ich erst Kenntnis von einer Zeit und von Zeitmomenten haben, um festzustellen, daß zwei Ereignisse gleichzeitig, im gleichen Zeitmoment vor sich gehen. Die Gleichzeitigkeit ist das Ursprüngliche, die erleben wir, wie wir Farben und Töne erleben; einen Zeitmoment hat noch kein Mensch erlebt und wird auch kein Mensch erleben.

Man darf sich auch nicht durch die weltabgewandte Philosophie Kants irremachen lassen, der zufolge Gleichzeitigkeit und zeitliche Aufeinanderfolge subjektive, vom Menschen hineingetragene Zutaten zu einer zeitlosen Welt der »Dinge an sich« wären. Die Gleichzeitigkeit, das Früher und das Später von Erlebnissen sind real, wie rot und grün, wie der Hunger und die Liebe; von einem »Ding an sich« aber hat kein Mensch je etwas erlebt und wird auch kein Mensch etwas erleben.

Denken wir uns nun eine Gruppe von Vorgängen, von Erlebnissen, die allesamt ganz oder teilweise gleichzeitig sind, das heißt sich zeitlich (ganz oder teilweise) überdecken. Während einer gewissen Spanne Zeit (um zunächst in der gewöhnlichen Ausdrucksweise zu sprechen) werden also diese Erlebnisse allesamt gemeinsam andauern – einzelne werden schon früher begonnen haben, einzelne noch später andauern. Betrachten wir nun außerdem noch weitere Erlebnisse, die allesamt mit allen den eben betrachteten Erlebnissen (ganz oder teilweise) gleichzeitig sind: die Spanne Zeit, während der sowohl alle die vorhin betrachteten, als auch alle die nun außerdem noch betrachteten Erlebnisse andauern, wird kürzer geworden sein. Betrachten wir nun eine nicht mehr erweiterbare Klasse solcher teilweise gleichzeitig stattfindender Erlebnisse, d. h. eine Klasse von Erlebnissen, von denen jede beliebige Anzahl (teilweise) gleichzeitig stattfindet, die aber so umfassend ist, daß es kein weiteres Erlebnis gibt, das mit allen Erlebnissen dieser Klasse (teilweise) gleichzeitig wäre: die Zeit, während deren sie allesamt stattfinden, reduziert sich dann auf einen einzigen Zeitmoment. Bisher haben wir in der üblichen Ausdrucksweise gesprochen, nun aber sagen wir mit Russell: Ein Zeitmoment *ist* nichts anderes als eine solche nicht mehr erweiterbare Klasse gleichzeitiger Erlebnisse.

Natürlich ist das Gesagte nur eine Andeutung. Auf zwei naheliegende Einwände müssen wir aber kurz eingehen. Ein erster Einwand sagt: Es könnte doch sein, daß die sämtlichen Erlebnisse einer solchen nicht mehr erweiterbaren Klasse gleichzeitiger Erlebnisse nicht nur einen einzigen Zeitmoment, sondern eine ganze Zeitspanne lang gemeinsam andauern. Dieser Einwand beruht ganz darauf, daß er, im Sinne der weltabgewandten Philosophie, von vornherein die Zeit als selbständige Wesenheit annimmt. Wir aber antworten darauf: würden wirklich die sämtlichen Erlebnisse der genannten Erlebnisklasse während einer ganzen Zeitspanne gemeinsam andauern, so hieße das, daß in dieser ganzen Zeitspanne kein Erlebnis von mir beginnt und keines endet; ich würde also in dieser ganzen Zeitspanne keinerlei Veränderung erleben: und so hätte ich gar kein Mittel, um festzustellen, daß eine wirkliche Zeitspanne verflossen ist und nicht nur ein einziger Moment. Was aber in keiner wie immer gearteten Weise festgestellt werden kann, das hat auch keinen wie immer gearteten Sinn.

Ein zweiter Einwand sagt: Ein Zeitmoment ist doch offenkundig etwas ganz anderes als eine Klasse von Erlebnissen! Aber auch dieser Einwand hat keinerlei Sinn. Wüßten wir, was ein Zeitmoment ist, könnten wir einen Zeitmoment erleben, so könnte man das Erlebnis »Zeitmoment« vergleichen mit der vorhin betrachteten Klasse von Erlebnissen und könnte vielleicht mit Recht sagen, es ist etwas anderes – so wie wir durch Erleben die Farbe Rot kennen, und wenn jemand sagen wollte: »Die Farbe Rot ist ein Haufen von Bananen«, wir mit Recht erwidern könnten: »Das ist nicht wahr.« Da wir aber einen Zeitmoment *nicht* erleben können, so verliert der gemachte Einwand jeden Sinn.

In dieser Russellschen Definition des Zeitmomentes kommen nur Erlebnisse vor, sie bleibt durchaus weltzugewandt, sie beansprucht keinerlei hinterweltliche, außersinnliche Wesenheiten. Und es läßt sich zeigen, daß diese Russellschen Zeitmomente alles das leisten, was die Physik von Zeitmomenten verlangt. Also ist es überflüssig, neben den Erlebnissen noch Zeitmomente als existierend anzunehmen, in denen diese Erlebnisse stattfinden, und eine Zeit als existierend anzunehmen, deren ausdehnungslose Teile diese Zeitmomente wären. Nichts anderes brauchen wir als unsere Erlebnisse mit ihren erlebbaren Relationen des gleichzeitig oder früher und später. Und weil es überflüssig ist, die eigene Existenz der Zeit und ihrer Zeitmomente anzunehmen, setzen wir wieder Occams Rasiermesser an und sagen: Weg mit ihnen, und weg mit allen philosophischen Scheinproblemen, die sich an die metaphysische Existenz einer Zeit knüpften.

Ähnliches wie über die Zeit können wir nun auch über den Raum sagen. Gewöhnlich nimmt man an, es gäbe eine Wesenheit »Raum«, zusammengesetzt aus unteilbaren, unausgedehnten Wesenheiten: den Punkten; dieser Raum sei das Reservoir, in dem sich die Vorgänge abspielen, von denen unsere Sinne uns Zeugnis geben; in diesem an sich existierenden Raume schwimmen die Körper der Sinnenwelt herum, wie die Fische in einem Aquarium. Als Kind sagte man mir, es sei sehr schwer zu begreifen, was so ein ausdehnungsloser Punkt sei, und es sei sehr schwer, sich einen solchen vorzustellen. Sehr schwer? Das ist eine außerordentlich milde Ausdrucksweise. Es ist nicht schwer, sondern es ist ganz und gar unmöglich. Ebenso wie kein Mensch je etwas wie einen Zeitmoment erlebt hat, ebenso hat noch keiner etwas wie einen Raumpunkt erlebt.

Man war bis vor kurzem der Meinung, die Geometrie handle vom Raum und seinen Punkten; und die Laien meinten wohl, wenn es schon ihnen selbst nicht gelänge zu begreifen, was ein Raumpunkt sei, so begriffen es wenigstens die Mathematiker ganz genau. Aber das war ein gewaltiger Irrtum; die Mathematiker begriffen es ebensowenig und waren ebensowenig wie der nächstbeste Laie imstande, zu sagen, was denn eigentlich ein Punkt sei. Und da es ihnen recht hoffnungslos erschien, es jemals herauszubekommen, während doch – abgesehen von dem Schönheitsfehler, daß man nicht recht sagen konnte, was ein Punkt ist – die Wissenschaft von den Punkten, die Geometrie, tadellos funktionierte, schlugen die Mathematiker einen verblüffend einfachen Ausweg ein. Sie sagten: Die Frage, was ein Punkt sei, gehört nicht zur Mathematik, das geht uns nichts an, und man kann tadellos eine Wissenschaft von den Punkten treiben, ohne zu wissen, was ein Punkt ist. Das klingt zwar zunächst etwas sonderbar, ist aber ganz und gar nicht unsinnig, es brachte sogar einen recht beträchtlichen Fortschritt in unserer Erkenntnis von der Struktur der Wissenschaft: es entstand die sogenannte axiomatische Methode, mit ihrer Lehre von den impliziten Definitionen und den hypothetisch-deduktiven Systemen. Aber auf diese Dinge können wir hier nicht eingehen; für uns ist nur folgendes wichtig: Dadurch, daß die Mathematiker sagen: »ein Problem geht uns nichts an«, ist dieses Problem weder gelöst, noch aus der Welt geschafft. Es bleibt also die leidige Frage bestehen: »Was ist ein Punkt?« Und da gehen wir ebenso vor wie bei der Untersuchung der Zeitmomente. Wir finden in der Sinnenwelt zwar keine Punkte vor, wohl aber Körper, und wir wissen, was es heißt, zwei Körper haben ein Stück gemein, sie überdecken sich ganz oder teilweise. Wir wollen wenigstens annehmen, wir wissen es, obwohl auch da noch schwierige Probleme lauern, aber Probleme etwas anderer Art als das jetzt zu lösende. Nun betrachten wir wieder eine Klasse von Körpern, die allesamt ein Stück gemein haben. Je mehr solcher Körper wir betrachten, um so kleiner wird das allen gemeinsame Stück sein. Wir betrachten wieder eine nicht mehr erweiterbare Klasse solcher Körper und sagen mit Russell: Eine solche Klasse von Körpern *ist* ein Punkt. Natürlich sind wir jetzt himmelweit von der früheren Definition: »Ein Punkt ist ein ausdehnungsloser Raumteil« entfernt, bei der sich nichts denken ließ. Es ist jetzt gar keine Wesenheit »Raum« da, von der irgendwelche, insbesondere ausdehnungslose Teile zu betrachten wären, es sind nur da die Körper, die uns die Sinnenwelt liefert; und gewisse Klassen solcher Körper nennen wir Punkte. Also keinerlei von der Sinnenwelt wesensverschiedene Wesenheit muß angenommen werden; kein an sich existierender Raum, in dem die Körper herumschwimmen, keine an sich existierenden Punkte, aus denen dieser Raum sich zusammensetzt. Wir brauchen sie nicht, und also setzt wieder Occams Rasiermesser an: »Weg mit ihnen!« Nichts anderes benötigen wir als die Körper der Sinnenwelt, um alles verstehen zu können, was die Geometrie braucht.

Und da wir schon bei der Mathematik sind, wollen wir auch von den *Zahlen* sprechen. Metaphysisch gerichtete Philosophen faßten die Zahlen als Wesenheiten auf, denen irgend eine mystische Existenz zukommt. Nach Plato gibt es in der Welt der Ideen eine Idee der Zwei, eine Idee der Drei usf., und manche Metaphysiker glaubten an geheime Wunderkräfte dieser Zahlenwesen. Da war vor allen die Zahl Sieben sehr beliebt; sie soll besonders heilig sein: Es gibt sieben Sakramente, allerdings – wenn ich nicht irre – auch sieben Hauptsünden, aber das ist vermutlich Polarität. Und tatsächlich hat die Wesenheit Sieben einmal schöpferisch gewirkt, sie hat die Spektralfarbe Indigo zustande gebracht; denn ohne Indigo hätten wir nur sechs Spektralfarben, und es wäre ein sehr bedauerlicher Mangel der Welt, wenn es nicht ebensoviel Spektralfarben als heilige Sakramente gäbe; und deshalb lernen in der Optik die Kinder von einer Farbe Indigo, die ihnen sonst wohl nirgends mehr unterkommt.

Mit den Zahlen steht es ähnlich wie mit Zeit und Raum. Wir haben gesehen: wir erleben gleichzeitige Ereignisse, aber nie und nimmer erleben wir die Zeit selbst oder einen Zeitmoment. Ebenso finden wir in unseren Erlebnissen Mengen, die aus drei oder aus fünf Gegenständen bestehen, nie und nimmer aber erleben wir die Zahl Drei oder die Zahl Fünf. Was meinen wir nun eigentlich, wenn wir sagen: eine Menge von Gegenständen besteht aus fünf Gegenständen? Wir meinen damit: wir können sie abzählen mit Hilfe der Finger einer Hand; es sind so viele Gegenstände, als eine Hand Finger hat, oder präziser: die Gegenstände dieser Menge können so den Fingern einer Hand zugeordnet werden, daß jedem Gegenstand genau ein Finger, jedem Finger genau ein Gegenstand entspricht. Die Mengen, die aus fünf Gegenständen bestehen, sind also gerade diejenigen, deren Gegenstände in der angegebenen Weise den Fingern einer Hand zugeordnet werden können, und dadurch unterscheiden sie sich von allen anderen Mengen, die mehr oder weniger als fünf Gegenstände enthalten. Und nun können wir sagen – und es ist das ganz derselbe Gedanke, der uns zur Definition der Zeitmomente und der Raumpunkte führte: die Zahl Fünf *ist* gar nichts anderes als die Klasse aller Mengen, deren Gegenstände in der angegebenen Weise den Fingern einer Hand zugeordnet werden können. Man wende auch hier nicht ein: eine Zahl ist doch um Gottes willen etwas anderes als eine Klasse von Mengen. Da wir Zahlen nicht erleben, wie wir Farben und Töne erleben, so sind die Zahlen an und für sich gar nichts; sie sind uns nicht gegeben, wie uns Farben und Töne gegeben sind; sie müssen also aus dem Gegebenen, d.h. aus der Sinnenwelt konstruiert werden, und zwar so konstruiert werden, daß sie alles leisten, was eben die Zahlen im täglichen Leben und in der Wissenschaft zu leisten haben. Wir haben, nach Frege und Russell, eine solche

Konstruktion der Zahlen aus der gegebenen Sinnenwelt angedeutet. Sie leistet – was ich hier natürlich nicht ausführlich zeigen kann – tatsächlich alles, was im täglichen Leben und in der Wissenschaft die Zahlen zu leisten haben, und mehr brauchen wir nicht. Wir kommen vollständig mit den Gegenständen der Sinnenwelt aus, und haben es nie und nirgends nötig, neben oder hinter der Sinnenwelt noch Zahlen als eigene Wesenheiten einer eigenen Existenzart anzunehmen. Und weil wir Zahlen als eigene Wesenheiten nicht brauchen, weil wir ohne solche Wesenheiten ausgekommen, so – und dies ist wieder eine Anwendung von Occams Rasiermesser – wollen wir solche Wesenheiten auch nicht annehmen. Es gibt nur Gegenstände, die wir zählen, aber es gibt nicht daneben Zahlen als eigene mystische Wesenheiten.

Noch genug andere Beispiele gibt es, in denen uns Occams Rasiermesser von mehr oder weniger schattenhaften, mehr oder weniger aufdringlichen, überflüssigen Wesenheiten befreit. Von besonders aufdringlichen solchen Wesenheiten will ich noch ein paar Worte sagen. Ich sprach schon von der Subjekt-Prädikat-Struktur der Sprache und ihrer unheilvollen Wirkung auf eine weltabgewandte Philosophie, die aus der Struktur der Sprache auf die Struktur der Welt schloß. Wir sagen: »Dieses Stück Papier ist jetzt glatt, jetzt zusammengefaltet, jetzt zu einem Ballen zerdrückt«, und wir finden in diesem Satze: ein beharrendes Subjekt (das Stück Papier) und wechselnde Prädikate (jetzt glatt, jetzt zusammengefaltet, jetzt zu einem Ballen zerdrückt). Daraus schloß die von der Sprache irregeleitete Philosophie, die Welt sehe so aus: entsprechend den »beharrenden« Subjekten der Sprache existieren in der Welt beharrende *Substanzen*, die – entsprechend den wechselnden Prädikaten – wechselnde Eigenschaften (Qualitäten) tragen. Wo aber erleben wir die beharrende Substanz? Nie und nirgends! Das Kreidestück als beharrende Substanz, als Träger seiner Qualitäten erlebe ich nicht. Was ich erlebe, ist: seine weiße Farbe, das Gefühl des Widerstandes, der Härte, wenn ich hingreife, seine Gestalt, die ich sowohl sehen als tasten kann. Aber die gesehene Gestalt wechselt, wenn ich das Kreidestück anderswohin lege oder wenn ich selbst anderswohin trete. Daß das, was ich früher sah, und das, was ich jetzt sehe, *dasselbe* ist, erlebe ich nicht. Kurz, die uns vertrauten Gegenstände der Umwelt, wir erleben sie nicht als beharrende substantielle Wesenheiten; was ich erlebe, sind wechselnde Farben, Gestalten, Härten usf.

Sind wir nun vielleicht hier an einem Punkt angelangt, wo wir außer dem von uns Erlebten, den Farben, den Tönen etc. noch andere Wesenheiten annehmen müssen, die wir nicht erleben können: die beharrenden Substanzen, welche die wechselnden Farben, Gestalten, Härten, die wir erleben, als Qualitäten an sich tragen? Wieder hilft uns auch hier derselbe Gedanke, der uns Raum, Zeit und Zahl begreifen ließ, ohne daß wir über das Erlebbare hinausgehen mußten, ohne daß wir eigene Wesenheiten neben oder hinter denen unserer Sinnenwelt annehmen mußten. Was wir »dies Stück Kreide« nennen, *ist* nichts anderes als die Klasse der angeblich von ihm getragenen Farben, Gestalten, Härten usf. Die Durchführung dieses Gedankens, den wir der weltzugewandten englischen Philosophie verdanken, und dem mit besonderem Nachdruck Ernst Mach nachhing, der große Wiener Physiker und Philosoph, dessen Name unsere Gesellschaft trägt, lehrt uns, daß es nie und nirgends nötig ist, hinter oder unter den von uns erlebbaren Wesenheiten der Sinnenwelt noch andere unerlebbare Wesenheiten, die Substanzen, anzunehmen; und nun fegt Occams Rasiermesser mit einem Strich auch noch die Substanzen weg: ihr gepriesenes Beharren, der Schärfe dieses Rasiermessers hält es nicht stand. Doch hierauf brauche ich nicht näher einzugehen, da diese Frage gewiß in einem späteren Vortrag unserer Gesellschaft eingehend behandelt werden wird.

Aber nun haben wir uns noch mit einem letzten, tiefen und schwierigen Problem auseinanderzusetzen. Blicken wir zurück! Wir haben die Zeitmomente erkannt als gewisse Klassen von Erlebnissen, die Raumpunkte als gewisse Klassen von Körpern, die Zahlen als Klassen von Mengen (und Mengen sind selbst Klassen von Gegenständen); die Gegenstände der Umwelt haben wir erkannt als Klassen von Farben, Gestalten, Härten etc. Immer wieder werden wir also auf *Klassen* geführt. Es scheint also, daß wir doch nicht mit den Wesenheiten der Sinnenwelt allein auskommen können, daß wir vielmehr neben diesen Wesenheiten erster Stufe noch andere Wesenheiten höherer Stufe annehmen müssen, die nun dem Rasiermesser Occams standhalten, nämlich Klassen von Wesenheiten erster Stufe, dann Klassen solcher Klassen (die Zahlen waren solche Klassen von Klassen) und vielleicht noch weiter hinauf. Ich kann hier nur erwähnen, daß uns die weltzugewandte Philosophie auch hier den rechten Weg gewiesen hat: Russell hat gezeigt, wie jede sinnvolle Aussage, in der das Wort »Klasse« vorkommt, verwandelt werden kann in eine Aussage, in der nur mehr die Gegenstände selbst vorkommen, und nicht mehr Klassen von Gegenständen. Um hierfür nur ein ganz nahegelegenes Beispiel zu geben: Mit dem Satze: »Die Klasse der Löwen ist enthalten in der Klasse der Säugetiere« meinen wir doch gar nichts anderes als: »jeder Löwe ist ein Säugetier«, d. h. etwas ausführlicher gesprochen: jeder Gegenstand, der die definierenden Eigenschaften des Begriffes »Löwe« hat, hat auch die definierenden Eigenschaften des Begriffes »Säugetier«, und in dieser Formulierung kommen nur mehr die erlebbaren Gegenstände der Sinnenwelt vor, und gar nichts mehr von »Klassen«. In letzter Analyse erweisen sich also auch die Klassen als überflüssige Wesenheiten, und es bleibt nichts übrig, als die erlebbaren Wesenheiten unserer Sinnenwelt.

Wir haben nun Occams Rasiermesser an der Arbeit gesehen und wir dürfen sagen: es arbeitet gut – den das Rasieren fördernden Schaum hat die weltabgewandte, metaphysische Philosophie in ausgiebiger Weise geschlagen. Und zurück bleibt eine Welt, gesäubert von allen schattenhaften Halbwesenheiten, die irgendwo zwischen Sein und Nichtsein wohnen sollen, wie unmögliche Gegenstände, Universalien, leerer Raum, leere Zeit; gesäubert aber auch von allen präpotenten Wesenheiten, die ein stärkeres, beharrendes Sein beanspruchen als die bunten wechselnden Wesenheiten unserer Sinnenwelt, wie: Ideen und Substanzen und wie sie sonst heißen mögen.
Aber, so hören wir sagen, diese weltzugewandte Philosophie, die sich bescheidet mit der Sinnenwelt und nicht nach Höherem und Tieferem fragt, ist – entsprechend ihrer Herkunft – eine richtige Krämerphilosophie, eine Philosophie der Banausen und Philister, eine Philosophie für phantasiebegabte Nichtdichter; schön ist doch nur eine Welt, in der unter den flüchtigen Erscheinungen wuchtig beharrende Substanzen ruhen, über ihnen – aufs höchste vergeistigt und sublimiert – Ideen walten, wie sie Goethe schildert:

> Göttinnen thronen hehr in Einsamkeit,
> um sie kein Ort, noch weniger eine Zeit;
> von ihnen sprechen – – ist Verlegenheit!

welch letzteres wir bereitwilligst zugestehen.

Mag sein, daß es sehr schön war auf der Welt, als man überall Götter und Dämonen witterte; mag sein, daß es eine sehr poetische Zeit war, als man unentwegt alle möglichen höheren Wesen durch Gebete und Opfer bei halbwegs guter Laune erhalten, alle möglichen bösen Geister durch Zaubersprüche im Zaum halten mußte. Und auch heute noch mögen die Leute sehr glücklich sein, die überzeugt sind, durch dreimaliges Ausspucken ein Unglück bannen zu können, und ich vermag durchaus das Hochgefühl eines Mannes zu würdigen, der einen Spiegel zerbrochen hat, und sich nun in der Überzeugung wiegt, er werde sieben Jahre nicht heiraten. Aber wir meinen eben doch, all das sei Aberglaube, und wir müssen es doch nun einmal für richtig halten, an diese Dinge nicht zu glauben, mögen sie auch noch so hübsch und poetisch sein. Und so ist es auch kein Argument gegen Occams Rasiermesser, es sei doch jammerschade um all die weggefegten überflüssigen Wesenheiten, weil sie so schön und poetisch gewesen sind.

Aber – und nun kehren wir zum Ausgangspunkt zurück – der Geschmack ist verschieden. Der eine freut sich der Mannigfaltigkeit, des bunten, mutwilligen Wechsels, des schwer zu enträtselnden Durcheinander in der Sinnenwelt, und bleibt darum ihr zugewandt – und der andere, dem es versagt ist, sich dieser Sinnenwelt zu erfreuen, wendet sich ab von ihr, und sucht sich Hinterwelten zu erfabeln. Wir aber, die Anhänger weltzugewandter Philosophie, sehen darin einen Abweg, einen Irrweg, eine Krankheit, an der die Menschheit durch Jahrtausende gelitten hat, und unser Wille ist es, die Menschheit von diesem Alpdruck zu befreien. Und dem Menschen, der aus dem mystischen Düster weltabgewandter Philosophie sich zu den einfachen, durchsichtig klaren Lehren der weltzugewandten Philosophie bekehrt, ihm sagen wir als Gruß:

> Du tauchst aus Tod, aus ungewissen Leiden,
> aus allem auf, was feig und halb und vag,
> und lernst mit freien Blicken unterscheiden
> die kranke Dämmerung vom reinen Tag!

Die Bedeutung
der wissenschaftlichen Weltauffassung, insbesondere für Mathematik und Physik*

Der Name »wissenschaftliche Weltauffassung« soll ein Bekenntnis geben und eine Abgrenzung:

Ein *Bekenntnis* zu den Methoden der exakten Wissenschaft, insbesondere der Mathematik und Physik, ein Bekenntnis zu sorgfältigem logischem Schließen (im Gegensatze zu kühnem Gedankenfluge, zu mystischer Intuition, zu gefühlsmäßigem Bemächtigen), ein Bekenntnis zu geduldiger Beobachtung möglichst isolierter Vorgänge, mögen sie an sich noch so geringfügig und bedeutungslos erscheinen (im Gegensatze zu dichterisch-phantastischem Erfassenwollen möglichst bedeutungsvoller, möglichst weltumspannender Ganzheiten und Komplexe);

eine *Abgrenzung* gegen die Philosophie im üblichen Sinne, als einer Lehre von der Welt, die beansprucht, gleichberechtigt neben den einzelnen Fachwissenschaften oder gar höher berechtigt über ihnen zu stehen. – Denn wir sind der Meinung: was sich überhaupt sinnvoll sagen läßt, ist Satz einer Fachwissenschaft, und Philosophie treiben heißt nur: Sätze der Fachwissenschaften kritisch danach prüfen, ob sie nicht Scheinsätze sind, ob sie wirklich die Klarheit und Bedeutung besitzen, die die Vertreter der betreffenden Wissenschaft ihnen zuschreiben; und heißt weiter: Sätze, die eine andersartige, höhere Bedeutung vortäuschen als die Sätze der Fachwissenschaften, als Scheinsätze entlarven.

Wir bekennen uns als Fortsetzer der *empiristischen* Richtung in der Philosophie, stehen somit in entschiedenem Gegensatze zu allem *Rationalismus,* der sei es das Denken als alleinige Erkenntnisquelle ansieht, sei es als höher berechtigt gegenüber der Erfahrung. Wir stehen aber auch in Gegensatz zu den *dualistischen* Richtungen, die in Denken und Erfahrung zwei selbständige und gleichberechtigte Erkenntnisquellen sehen wollen. Vielmehr glauben wir, daß nur die Erfahrung, nur die Beobachtung uns Kenntnis vermittelt von den Tatsachen, die die Welt bilden,

---

* Zuerst erschienen in: *Erkenntnis* 1 (1930-31), S. 96-105.

während alles Denken nichts ist als tautologisches Umformen. Dies wird noch näher auszuführen sein; doch sei schon jetzt gesagt, daß dieses tautologische Umformen für unsere Erkenntnis höchst bedeutungsvoll ist, daß die Bezeichnung »tautologisch« keine Herabsetzung, keine Beschimpfung bedeutet.

Mit dieser Auffassung des Denkens stehen wir im Gegensatz nicht nur zu Rationalismus und Dualismus, sondern auch zur Auffassung einiger Empiristen, die glaubten, Logik (und Mathematik) aus der Erfahrung herleiten zu können, indem sie lehrten, die Sätze der Logik und der Mathematik drückten Erfahrungstatsachen aus – nicht anders als etwa die Sätze der Physik – nur daß es sich dabei um besonders häufig gemachte Erfahrungen handle, wodurch diese Sätze einen besonders hohen Grad von Sicherheit erlangt hätten.

In der Tat, das Verständnis von Logik und Mathematik war immer das Hauptkreuz des Empirismus; denn jeder allgemeine Satz, der der Erfahrung entstammt, bleibt mit einem Momente von Unsicherheit behaftet – bei den Sätzen der Logik und der Mathematik finden wir nichts von solcher Unsicherheit. Wir können uns vorstellen, daß morgen die Sonne nicht aufgeht, aber wir können uns nicht vorstellen, daß $2 \times 2 = 5$ ist, oder daß $p \rightarrow q$ und p richtig, q aber falsch ist; und darüber hilft auch die eben erwähnte Argumentation nicht hinweg, daß es sich hier um besonders oft gemachte Erfahrungen drehe. *Durch* die (erst der jüngsten Zeit entstammende) *Aufklärung der Stellung von Logik und Mathematik, die wir besprechen werden, wurde erst konsequenter Empirismus möglich.*

Beobachtung und die tautologischen Umformungen des Denkens, das sind die einzigen Mittel der Erkenntnis, die wir anerkennen. Eine Erkenntnis a priori erkennen wir nicht an, schon deshalb nicht, weil wir sie nirgends benötigen: wir kennen kein einziges synthetisches Urteil a priori, wüßten auch nicht, wie es zustande kommen könnte; und was die sogenannten analytischen Urteile der Logik (und Mathematik) anlangt, so sind sie Anweisungen zu tautologischen Umformungen.

Das einzig Gegebene ist für uns das individuell Wahrgenommene, das unmittelbar von mir Erlebte, und Sinn kommt nur dem zu, was in letzter Linie auf Gegebenes zurückführbar ist, aus Gegebenem konstituiert werden kann. So müssen die sogenannten »beharrenden« Gegenstände der Außenwelt, die das tägliche

Leben kennt (Tische, Berge, usw.), erst konstituiert werden, und dies gilt auch von den Körpern der Lebewesen, Tieren und Menschen. Auch die Psychen (die eigene und die fremden) müssen konstituiert werden – und die Erfahrung lehrt, daß sie an Körper gebunden sind; doch wäre die Konstituierung nicht an Körper gebundener Psychen prinzipiell nicht undenkbar, nur hat sie sich (entgegen den Lehren der Religionen und des Spiritismus) bisher nicht als notwendig, nicht einmal als zweckmäßig gezeigt. Auch die Gegenstände der Physik (Atome, Elektronen, Wellen aller Art) müssen durch Konstituierung auf das Gegebene zurückgeführt werden. Sowie für einen Term eine solche Konstituierung aus Gegebenem nicht als möglich erscheint, muß er als sinnlos betrachtet werden und mit ihm jeder Satz, in dem er vorkommt; und dies ist das Schicksal eines Großteiles dessen, was in Philosophie, Metaphysik und Theologie abgehandelt wird.

Die Notwendigkeit des Konstituierens zeigt schon, daß beim Prozesse unserer Erkenntnis zum Gegebenen noch eine Verarbeitung dieses Gegebenen hinzutritt. Dies gibt uns Gelegenheit, betreffs der *Stellung der Logik* eine Auffassung zu skizzieren, die in unserm Kreise eingehend diskutiert wird. Infolge dieser Auffassung ist Logik nicht etwas, das sich im Gegebenen, oder sagen wir: in der Welt findet; Logik ist nicht, wie geglaubt wurde, die Lehre von den allgemeinsten Eigenschaften der Gegenstände, die Lehre von den Gegenständen überhaupt; vielmehr entsteht Logik erst durch Verarbeitung des Gegebenen, erst dadurch, daß das erkennende Subjekt dem Gegebenen gegenübertritt, sich ein Bild davon zu machen sucht, eine Symbolik einführt: Logik ist daran geknüpft, daß etwas über die Welt *gesagt* wird. Diese Symbolik ist nun aber nicht eine umkehrbar eindeutige, isomorphe Abbildung – eine solche Symbolik hätte nur sehr geringes Interesse, und bei Einführung einer solchen Symbolik würde auch keine Logik entstehen. Die Logik entsteht gerade dadurch, daß das Abzubildende und seine Bilder, die Symbole, verschiedene Struktur aufweisen. Ein ganz einfaches Beispiel hierfür liefert schon die Negation: in der Symbolik gibt es zu jeder Aussage p die Negation $\bar{p}$, in der Welt kommt von den beiden entsprechenden Sachverhalten nur einer vor; ist dies etwa der p entsprechende Sachverhalt, so können wir ihn auf zwei Arten ausdrücken: durch Behaupten von p, durch Verneinen von $\bar{p}$.

Ein anderes Beispiel: In der Symbolik haben wir neben den

beiden Symbolen p und q als durchaus selbständiges Symbol auch das logische Produkt $p \cdot q$; in der Welt besteht nicht *neben* den Sachverhalten p und q noch ein selbständiger, durch ein reales »und« gekoppelter Sachverhalt $p \cdot q$. (Der »molekulare« Sachverhalt $p \cdot q$ ist schon etwas ins Gegebene Hineingetragenes, Resultat einer Verarbeitung.) Das Symbol $p \cdot q$ nun ermöglicht die gleichzeitige Behauptung von p und q; indem ich $p \cdot q$ sage, habe ich p mitgesagt und ebenso q. Aus dem Umstande nun, daß die verwendete Symbolik es gestattet, dasselbe verschieden zu sagen, und daß sie es gestattet, dadurch daß man etwas sagt, etwas anderes mitzusagen, entsteht die Logik. Sie ist eine Anweisung, wie man etwas Gesagtes anders sagen kann, oder wie man aus etwas Gesagtem ein anderes Mitgesagtes herausholen kann. Dies ist es, was wir als den tautologischen Charakter der Logik bezeichnen wollen.

Und der Anlaß dafür, eine Symbolik einzuführen, deren Struktur von der des Abzubildenden abweicht, eine Symbolik, die es gestattet, dasselbe verschieden zu sagen, liegt darin, daß wir nicht allwissend sind, daß wir die Sachverhalte, die die Welt bilden, nur sehr fragmentarisch kennen. Dies sieht man wieder deutlich am Beispiel der Negation: es bestünde keinerlei Anlaß, eine Negation einzuführen, wenn wir jeden einzelnen Sachverhalt der Welt kennen würden. Ein allwissendes Subjekt braucht keine Logik, und im Gegensatze zu Plato können wir sagen: Niemals treibt Gott Mathematik.

Also, nicht eine Lehre über das Verhalten der Welt ist die Logik – ein logischer Satz sagt vielmehr über die Welt gar nichts aus –, sondern eine Anweisung zu gewissen Transformationen innerhalb der verwendeten Symbolik. Bei dieser Auffassung der Logik löst sich auch ganz von selbst das vielbehandelte Problem vom scheinbar rätselhaften Parallelismus im Ablauf unseres Denkens und des Weltgeschehens, der scheinbar prästabilierten Harmonie zwischen Denken und Weltgeschehen, der zufolge wir imstande wären, durch Denken etwas über die Welt auszumachen. Das ist nie und nirgends der Fall. Das Denken kann nur Sätze tautologisch umformen, und dadurch in eine Gestalt bringen, die für uns besser überblickbar ist, oder aus ihnen Aussagen hervorholen, die in ihnen mitbehauptet waren, und die sich zur Kontrolle besser eignen als die ursprünglichen Sätze.

Dies ist die Rolle des Denkens im Systeme unserer Erkenntnis, dies ist insbesondere auch die Rolle des Denkens in der Physik, und ein wenig Besinnung, ein kurzer Blick auf die Geschichte der Wissenschaft zeigt, daß diese Rolle des Denkens – trotz seines tautologischen Charakters – keine nebensächliche ist. Nur ein Beispiel: Die Grundgleichungen des elektromagnetischen Feldes sind unmittelbar durch Beobachtung kaum kontrollierbar; durch tautologisches Umformen aber erkennt man, daß in ihnen Aussagen mitbehauptet sind über unmittelbar kontrollierbare Verhältnisse, wie sie z. B. beim Michelsonversuch vorliegen, und nun konnte dieser Versuch zur Kontrolle der Grundgleichungen dienen.

Es war Wittgenstein, der den tautologischen Charakter der Logik erkannte, und der betonte, daß den sogenannten logischen Konstanten (wie »und«, »oder«, usw.) in der Welt nichts entspricht, während Russell früher den logischen Charakter einer Aussage darin zu sehen glaubte, daß sie sich allein mit Hilfe von Variablen und logischen Konstanten ausdrücken lasse; eine solche Aussage wäre nun zum Beispiel diese: »es gibt zwanzig Individuen in der Welt«. Wir können aber eine solche Aussage nicht als eine logische betrachten, da sie tatsächlich etwas über die Welt aussagt und der Nachprüfung durch die Erfahrung prinzipiell zugänglich ist.

Nachdem ich nun einiges über die Stellung der Logik im Systeme unserer Erkenntnis gesagt habe, muß ich auch ein wenig über die Stellung der *Mathematik* sprechen. Da wir uns schon zur Auffassung bekannt haben, unsere einzigen Erkenntnismittel seien die Erfahrung und das tautologische Umformen der Logik, und da in die Mathematik von Erfahrung nichts eingeht, ist die Antwort von vornherein gegeben: die Mathematik muß ebenfalls tautologischen Charakter haben, d. h. die Mathematik ist ein Teil der Logik. Das ist bekanntlich der Standpunkt Russells. Indem wir uns aber zu diesem Standpunkt bekennen, wollen wir nicht sagen, daß wir die Principia Mathematica als unantastbares Evangelium betrachten; wir glauben vielmehr, daß – trotz der gewaltigen Verdienste von Russell und Whitehead – die Aufgabe, die Mathematik als reine Logik zu entwickeln, noch nicht restlos gelöst ist – schon deshalb, weil die Aufgabe einer befriedigenden Darstellung der Logik selbst noch nicht restlos gelöst ist. Doch sind wir himmelweit vom Standpunkt jener Kritiker entfernt, die das Russellsche System für abgetan erklären, weil es in ihm noch

Schwierigkeiten gibt, und die diesem Werke nicht anders gegen-
überstehen, als der Divina Commedia ein Mann gegenübersteht,
der nicht italienisch kann und dem von dieser Dichtung nur eine
knappe Inhaltsangabe zur Verfügung steht.

Abgesehen von einer etwas anderen Auffassung der Logik selbst,
scheint uns das Werk Russells verbesserungsbedürftig hinsichtlich der verwendeten Typentheorie, die – wie es scheint – durch
eine einfachere zu ersetzen ist, bei der auch das vielumstrittene
und wohl endgültig als extralogisch erkannte Reduzibilitätsaxiom
entbehrlich wird – ferner hinsichtlich des von Wittgenstein be-
kämpften, absoluten Identitätsbegriffes – wenn auch hier die
Remedur (wie mir scheint) nicht so einschneidend wird sein
müssen, als Wittgenstein dies annimmt.

Diese Stellungnahme für Russell mag überraschen inmitten eines
Deutschland, das nur auf den Streit Intuitionismus – Formalismus – »hie Brouwer«, »hie Hilbert« – hört. Doch scheint ein
Bekenntnis zum Brouwerschen *Intuitionismus* für einen Beken-
ner der von uns zugrunde gelegten Prinzipien schwierig; allzu
verwandt scheint dieser Ausgangspunkt der Kantschen reinen
Anschauung und dem Kantschen a priori. Das hindert nicht, die
intern mathematische Bedeutung der Brouwerschen Forschungen
sehr hoch einzuschätzen als Feststellungen dessen, was sich in der
Mathematik mit vorgegebenen Hilfsmitteln erreichen läßt, was
nicht. Die Einordnung dieser Forschungen in das logizistische
System der Mathematik ist eine ebenso wichtige als dringliche
Aufgabe, die noch zur Gänze zu leisten ist.

Was Hilberts *Formalismus* anlangt, so müssen wir von unserem
Standpunkte aus vor allem auf die ungeklärte Rolle der metamathematischen Überlegungen hinweisen. Woher stammen die
metamathematischen Erkenntnisse? Aus der Erfahrung doch
wohl nicht! Dagegen streiten eben die Schwierigkeiten, die wir
bei den Versuchen, Logik und Mathematik auf Erfahrung zu
gründen, schon besprachen. Sind es logische Umformungen?
Wohl auch nicht! Denn sie sollen ja zur Begründung dieser
Umformungen dienen. Was also sind sie? Doch soll durch diese
skeptische Stellungnahme dem Ausgangspunkt gegenüber nichts
gegen die Bedeutung der Hilbertschen Untersuchungen gesagt
sein. Ich bin vielmehr der Überzeugung, daß in die Weiterbildung
und Verbesserung des Russellschen Systems viel von Hilberts
konkreten Resultaten eingehen wird.

Das bisher zur Mathematik Gesagte bezog sich auf Arithmetik und Analysis. Ganz anders – unbestrittener und zeitlich früher – vollzog sich die Logisierung der *Geometrie*. Hier ging die Einordnung in die Logik vor sich durch die sogenannte Axiomatisierung. Jeder Lehrsatz der Geometrie erscheint so als (tautologische) Implikation $P \rightarrow Q$, deren Vorderglied P das logische Produkt der Axiome, deren Hinterglied Q der betreffende Lehrsatz ist. Die Axiome erscheinen dabei nicht mehr als von selbst einleuchtende, aber unbeweisbare Wahrheiten, sondern als Annahmen, aus denen deduziert wird; die Grundbegriffe erscheinen nicht mehr als durch Definition nicht weiter zerlegbare, aber durch Anschauung unmittelbar erfaßbare Gegenstände, sondern lediglich als logische Variable. Da jedes einzelne Axiom eine Relation zwischen den die Grundbegriffe repräsentierenden Variablen ist, so erscheint Geometrie als spezielles Kapitel der Relationstheorie, als Untersuchung gewisser spezieller Relationssysteme.

Aber damit ist nicht alles gesagt, was sich über Geometrie sagen läßt, und das wurde von den Mathematikern in der ersten Freude über die Logisierung der Geometrie allzusehr übersehen. Anders als Logik und Arithmetik, deren Sätze nichts über die Welt aussagen, kann Geometrie den begründeten Anspruch erheben, auch eine Tatsachenwissenschaft zu sein. Sie wird es dadurch, daß für ihre Grundbegriffe, die bisher für uns logische Variable waren, eine Deutung in der Wirklichkeit gegeben wird, daß sie aus dem Gegebenen konstituiert werden. Mag diese Konstituierung der geometrischen Grundbegriffe auch nicht zur Mathematik gehören (die mit der Wirklichkeit nichts zu tun hat), so ist sie doch eine unabweisbare Aufgabe der Forschung. Weitgehende Ansätze dazu findet man im Anschluß an Whitehead, im IV. Kapitel von Russells Buch, »Unser Wissen von der Außenwelt«. – Ob dann die so konstituierten Grundbegriffe den Axiomen genügen, ist eine Frage der Empirie, Geometrie in diesem Sinne also eine empirische Wissenschaft.

Durch die letzten Betrachtungen ist die Brücke zur *Physik* geschlagen. Manche Kapitel der Physik wurden bereits axiomatisiert, im selben Sinne wie die Geometrie, und dadurch zu Spezialkapiteln der Relationstheorie gemacht. Doch bleiben sie Kapitel der Physik, und damit einer empirischen, einer Tatsachenwissenschaft dadurch, daß die in ihnen auftretenden Grundbegriffe aus dem Gegebenen konstituiert werden.

Als Ziel mag hier vorschweben: Aufstellung eines Axiomensystemes, durch das die ganze Physik logisiert, in die Relationstheorie eingeordnet wird. Dabei wird es sich wohl zeigen, daß je umfassender die Axiomensysteme werden, je mehr sie gleichzeitig vom Gesamtgebiet der Physik erfassen, ihre Grundbegriffe immer wirklichkeitsferner werden, durch immer längere, immer kompliziertere Konstitutionsketten mit dem Gegebenen zusammenhängen. Wir können nur: dies konstatieren, als eine Eigentümlichkeit des Gegebenen; keine Brücke aber führt von da zur Behauptung, hinter der Sinnenwelt liege eine zweite, die »reale« Welt, die ein selbständiges Dasein führe, anders geartet als die Welt unserer Sinne, eine Welt, die wir niemals direkt wahrnehmen können, die sich in der Sinnenwelt nur in verzerrter, schwer enträtselbarer Weise manifestiere, und die wir nun aus diesen spärlichen und verworrenen Andeutungen zu rekonstruieren hätten. Eine solche, durchaus metaphysische Behauptung scheint uns inhaltleer, ein bloßer Scheinsatz; denn es gelingt nicht, die in ihr auftretenden Terme durch Konstituierung an das Gegebene zu knüpfen.

Und hiermit sind wir wieder bei der Grundthese wissenschaftlicher Weltauffassung angelangt: nur zwei Mittel der Erkenntnis gibt es: Erfahrung und logisches Denken; dieses aber ist nichts als tautologisches Umformen, und somit gänzlich außerstande, aus sich heraus etwas über ein Dasein auszumachen, aus der Welt des Gegebenen heraus zu einer anders gearteten Welt wahren Seins zu führen. Jederlei Metaphysik ist daher unmöglich, jeder metaphysische Einschlag ist als sinnlose Wortkombination aus der Wissenschaft zu entfernen.

Dem Eindringen metaphysischer Elemente in die Wissenschaft wurde durch zwei Momente Vorschub geleistet: durch Überschätzung des Denkens, die – den tautologischen Charakter des Denkens verkennend – annahm, das Denken könne aus sich heraus zu Neuem führen, und durch Überschätzung der *Sprache*. Die Wortsprache ist eine sehr unvollkommene Symbolik, deren Syntax schlecht mit der Syntax der Logik übereinstimmt; insbesondere die in den uns geläufigen Sprachen vorherrschende Subjekt-Prädikatstruktur und ihre Vorliebe für Substantiva hat in einer Philosophie, die aus der Struktur der Sprache auf die Struktur der Welt schloß, viel Unheil angerichtet, zur Einführung mannigfacher überflüssiger Scheinwesenheiten metaphysischen Charakters geführt, wie Substanz, Raum, Zeit, Zahl. Dieser

Mangel der Wortsprachen ist einer der Gründe, die die Anhänger wissenschaftlicher Weltauffassung veranlassen, sich auch als Anhänger der sogenannten symbolischen Logik zu bekennen:

Ein weiterer Grund ist dieser: die Worte der Sprache führen, neben dem Hinweise auf das, was sie ihrem wörtlichen Sinne nach symbolisieren sollen, noch die verschiedenartigsten Begleitvorstellungen mit sich. Diese Begleitvorstellungen begünstigen nun ein Hin- und Herschwanken zwischen der wörtlichen Bedeutung und »übertragenen«, »bildlichen« Bedeutungen. Die lyrische Dichtung beruht fast zur Gänze auf dieser Eigenschaft der Wortsprachen. So berechtigt nun die Lyrik als Mittel zum Ausdruck und zur Erzeugung von Gefühlen ist, so heterogen ist Lyrik dem Prozesse wissenschaftlicher Erkenntnis, dessen Wesen Eindeutigkeit und Klarheit ist. Und doch haben sich durch unvorsichtige und mißbräuchliche Verwendung der Sprache neben vielen metaphysischen auch viele lyrische Elemente in die Wissenschaft eingeschlichen – oft versteckt, verschämt und kaum aufspürbar, keineswegs immer so ersichtlich, wie in folgenden Sätzen, die ich einer in Husserls Jahrbuch der Phänomenologie erschienenen Abhandlung über »Realontologie« entnehme: »Stoffextase *setzt* Licht«. Wo ein Stoff aus der Immanenz zur Transzendenz hervorbricht, wird er dadurch und damit lichthaft. ... Wo Lichthaftigkeit auftritt (dagegen), handelt es sich (wie wir wissen) um ein wirkliches ›Außer-sich-geraten‹. Nicht die Totalität in ihrer äußeren Fixiertheit, sondern die innere Gebundenheit des Stoffes selbst und als solchen wird durchbrochen... Das selbstverständliche ›nach innen‹ schlichter Stoffgegebenheit verwandelt sich in den *in sich* über sich selbst hinausgehobenen Zustand des ›nach außen‹.«

Um nun alle »lyrischen« Elemente aus der Wissenschaft wegzuschaffen, bedarf es einer Symbolik, an deren Symbole sich nicht die verschiedenartigsten Assoziationen knüpfen, wie an die Worte der Sprache. Um wieviel in dieser Hinsicht die symbolische Logik der Wortsprache überlegen ist, leuchtet ein, wenn man sich ein in den Symbolen der Principia Mathematica geschriebenes lyrisches Gedicht vorzustellen sucht! Und so macht der Wunsch, die Wissenschaft sowohl von allen metaphysischen als auch von allen lyrischen Einschlägen zu befreien, die Anhänger wissenschaftlicher Weltauffassung auch zu Anhängern symbolischer Logik.

Mag es einem oberflächlichen Beobachter scheinen, als stünde die geschilderte wissenschaftliche Weltauffassung im Gegensatze zum Zeitgeist der Gegenwart, der nach Metaphysik tendiere, nach Zusammenhängen, die nur mystischer Intuition zugänglich, nur durch das Gefühl erfaßbar seien, der aufs Ganze gehe, nicht auf minutiöse Kleinarbeit – wir sind uns bewußt, daß das ein Oberflächenurteil ist. Der wahre Ausdruck unserer Zeit, der Zeit der Organisationen mit ihrem festen Gefüge, das nur fest ist durch Arbeit am Einzelnen, der Zeit der Rationalisierung der Industrie, die in einem wohlumgrenzten Systeme wirksam ist, indem sie das kleinste erfaßt, der Zeit der Sachlichkeit in Architektur und Gewerbe, der wahre Ausdruck dieser Zeit ist die wissenschaftliche Weltauffassung mit ihrer liebevollen, sorgfältigen, ins Einzelne gehenden Beobachtung des Gegebenen, mit ihren vorsichtigen, logischen Konstruktionen Schritt für Schritt, mit ihrer schlichten Sprache, die keine andere Aufgabe kennt, als: das klar zu sagen, was gesagt werden soll.

Diskussion zur Grundlegung
der Mathematik*

Die folgenden Ausführungen sind lediglich Diskussionsbemerkungen, also notwendigerweise nur skizzenhaft; ich muß also bitten, es zu entschuldigen, daß ich keineswegs mit der in diesen Fragen gebotenen Präzision sprechen werde.

Will man sich für einen der Standpunkte bei Grundlegung der Mathematik entscheiden, die hier ausführlich begründet wurden, so muß man sich vor allem fragen: Was ist von einer Grundlegung der Mathematik zu verlangen? Und um zu dieser Frage Stellung zu nehmen, muß ich einige Worte philosophischen Inhalts vorausschicken.

Der einzig mögliche Standpunkt der Welt gegenüber scheint mir der *empiristische* zu sein, den man ganz roh so charakterisieren kann: Irgendeine Erkenntnis, der Inhalt zukommt, die wirklich etwas über die Welt besagt, kann nur durch Beobachtung, durch Erfahrung zustande kommen; durch reines Denken kann eine Erkenntnis über die Wirklichkeit in keiner Weise gewonnen werden; und ein einmaliges Hinsehen kann keine Erkenntnis liefern, die über den betreffenden Einzelfall hinausreicht (welch letztere Bemerkung sich gegen alle Lehren von reiner Anschauung und von Wesensschau richtet). Ich stelle mich auf diesen empiristischen Standpunkt nicht auf Grund einer Auswahl unter verschiedenen möglichen Standpunkten, sondern weil er mir als der einzig mögliche erscheint, weil mir jede Realerkenntnis durch reines Denken, durch reine Anschauung, durch Wesensschau als etwas durchaus Mystisches erscheint.

Der Durchführung dieses empiristischen Standpunktes scheint nun eine sehr einfache Tatsache entgegenzustehen: die Tatsache nämlich, daß es eine Logik und eine Mathematik gibt, die uns doch anscheinend absolut sichere und allgemeine Erkenntnisse über die Welt liefern. So entsteht die Grundfrage: *Wie ist der empiristische Standpunkt mit der Anwendbarkeit von Logik und Mathematik auf Wirkliches verträglich?* Und im Sinne dieser

* Zuerst erschienen in: *Erkenntnis* 2 (1931-32), S. 135-141, als Teilbericht einer Diskussion während des 1. Internationalen Kongresses für Philosophie der Mathematik, Königsberg 1930.

Frage ist meiner Ansicht nach von einer Grundlegung der Mathematik vor allem zu verlangen, daß sie dartut, wieso die Anwendbarkeit der Mathematik auf Wirkliches mit dem empiristischen Standpunkt verträglich ist.

Die Vertreter des Intuitionismus und des Formalismus, die hier zu Worte kamen, haben ihre Standpunkte so deutlich dargelegt, daß man wohl mit Bestimmtheit sagen kann: weder Intuitionismus noch Formalismus erfüllen diese Forderung. Ich halte sowohl die Untersuchungen Brouwers als die Hilberts für höchst bedeutungsvoll innerhalb der Mathematik, aber ich halte sie nicht für Grundlegungen der Mathematik. Herr Heyting ging in seinem Referate aus von einer Urintuition der Zahlenreihe; diese Urintuition hat für mich, so wie reine Anschauung oder Wesensschau, etwas Mystisches, und eignet sich daher nicht als Ausgangspunkt für die Grundlegung der Mathematik. Und Herr v. Neumann hat mit aller Deutlichkeit gesagt, daß der Formalismus die gesamte finite Arithmetik voraussetzt, um von da aus die klassische Mathematik zu rechtfertigen; ein Standpunkt aber, der die finite Arithmetik voraussetzt, kann nicht als Grundlegung der Mathematik angesehen werden.

Der Darlegung meines eigenen Standpunktes sei eine kleine Erörterung vorausgeschickt. Sei irgendein Bereich von Gegenständen gegeben, zwischen denen irgendwelche Relationen bestehen; dieser Bereich werde abgebildet auf einen Bildbereich, so daß den Gegenständen und Relationen des ursprünglichen Bereiches Gegenstände und Relationen des Bildbereiches entsprechen; die Gegenstände und Relationen des Bildbereiches können wir dann als *Symbole* für die Gegenstände und Relationen des ursprünglichen Bereiches auffassen. Ist die vorgenommene Abbildung nicht ein-eindeutig, sondern ein-mehrdeutig, so werden einundemselben Sachverhalte im ursprünglichen Bereiche verschiedene Symbolkomplexe im Bildbereiche entsprechen; es wird also Transformationen dieser Symbolik in sich geben, und es entsteht die Aufgabe, Regeln anzugeben für die Umformung eines Symbolkomplexes in einen anderen, der denselben Sachverhalt des ursprünglichen Bereiches abbildet. So nun steht meiner Meinung nach die Sprache der Wirklichkeit gegenüber: die Sprache ordnet den Sachverhalten der Welt Symbolkomplexe zu, und zwar nicht in ein-eindeutiger Weise (was wenig Zweck hätte), sondern in ein-mehrdeutiger Weise; und die Logik gibt die Regeln an, wie ein Symbolkomplex der Sprache umgeformt werden kann in einen anderen, der denselben Sachverhalt bezeichnet; das ist es, was als der »tautologische« Charakter der Logik bezeichnet wird; ein ganz einfaches Beispiel ist die doppelte Negation: der Satz p und der Satz *non-non-p* bezeichnen denselben Sachverhalt. Immer, wenn eine ein-mehrdeutige Abbildung vorliegt, gibt es in diesem Sinne eine »Logik« dieser Abbildung; was man gewöhnlich *Logik* nennt, ist der Spezialfall, in dem es sich um die Zuordnung der Sprachsymbole zu den Sachverhalten der Welt handelt.

Die Logik sagt also über die Welt gar nichts aus, sondern sie bezieht sich nur auf die Art, wie ich über die Welt spreche, und es leuchtet wohl ein, daß bei dieser Auffassung das Bestehen der Logik ohne weiteres mit dem empiristischen Standpunkte verträglich ist, während die Auffassung der Logik als Lehre von den allgemeinsten Eigenschaften der Gegenstände mit dem empiristischen Standpunkte durchaus unverträglich ist. Nehmen wir als Beispiel den logischen Grundsatz $(x) \varphi (x) \cdot \supset \cdot \varphi (y)$, der besagt: was für alle gilt, gilt für jedes einzelne. Dieser Grundsatz besagt nichts über die Welt; es ist nicht eine Eigenschaft der Welt, daß, was für alle gilt, auch für jedes einzelne gilt; sondern die Sätze: »φ (x) gilt für alle Individuen« und »φ (y) gilt für jedes einzelne Individuum« sind nur verschiedene sprachliche Symbole für denselben Sachverhalt; der angeführte logische Grundsatz drückt also nur eine Ein-mehrdeutigkeit der als Sprache verwendeten Symbolik aus; er drückt aus, in welchem Sinne das Symbol »alle« verwendet wird.

Nun kommen wir auf die Grundlegung der Mathematik zurück. Der von Herrn Carnap dargelegte logistische Standpunkt behauptet, daß kein Unterschied zwischen Mathematik und Logik besteht. Ist dieser Standpunkt durchführbar, so ist mit obiger Aufklärung der Stellung der Logik im Systeme unserer Erkenntnis auch die Stellung der Mathematik aufgeklärt; ebenso wie das Bestehen der Logik, ist dann auch das Bestehen der Mathematik mit dem empiristischen Standpunkte verträglich. Und dies ist der Grund, warum ich unter den drei hier vorgebrachten Auffassungen über die Grundlegung der Mathematik für die logizistische Auffassung optiere.

Nun kann man tatsächlich einsehen, daß die Sätze der finiten Arithmetik, wie $3 + 5 = 5 + 3$, denselben tautologischen Charakter haben wie die Sätze der Logik; man hat nur auf die

Definition der Symbole 3, 5, + und = zurückzugehen. Die finite Arithmetik bereitet also dem logizistischen Standpunkte keine Schwierigkeit. Nicht so klar liegen die Dinge bezüglich der transzendenten Schlußweisen der Mathematik, wie der Lehre von der vollständigen Induktion, der Mengenlehre und mancher Kapitel der Analysis. Hier scheinen Grundsätze eine Rolle zu spielen, die nicht tautologisch sind; so scheint z. B. das Auswahlaxiom einen realen Inhalt zu haben, wirklich etwas über die Welt auszusagen; das war zumindest der Standpunkt Russells, und Ramseys Versuch, auch dem Auswahlaxiom tautologischen Charakter zuzuschreiben, ist sicherlich nicht geglückt.

Russells absolutistisch-realistischer Standpunkt nimmt an, die Welt bestehe aus Individuen, Eigenschaften von Individuen, Eigenschaften solcher Eigenschaften usf.; und die logischen Axiome seien nun Aussagen über diese Welt. Daß diese Auffassung mit konsequentem Empirismus unvereinbar ist, habe ich schon gesagt, und ich halte die Polemik Wittgensteins und der Intuitionisten gegen diese Auffassung für durchaus gerechtfertigt; ebenso scheint mir die realistisch-metaphysische Auffassung Ramseys, gegen die auch Herr Carnap sich gewendet hat, unmöglich.

Wenn ich so Russells philosophische Interpretation seines Systems bekämpfe, so glaube ich doch, daß die formale Seite dieses Systems großenteils in Ordnung und zur Begründung der Mathematik weitgehend geeignet ist; es muß nur nach einer anderen philosophischen Interpretation gesucht werden. Bevor ich eine solche Interpretation anzudeuten versuche, möchte ich, des leichteren Verständnisses halber, auf etwas Ihnen Wohlbekanntes hinweisen: Denken Sie an irgendein System von Axiomen der euklidischen Geometrie, z. B. an das von Hilbert. Dieses Axiomsystem ist zur Beschreibung der Welt ausgezeichnet verwendbar; und doch glaubt niemand, daß in der Welt Gegenstände aufweisbar seien, die sich wie die Punkte, Geraden, Ebenen der euklidischen Geometrie verhalten; es handelt sich dabei eben nur um Idealisierungen, um Annahmen, die man zum Zwecke einer geeigneten Weltbeschreibung macht.

Nun nehme ich wie Russell an, es stünde uns zur Beschreibung der Welt (oder besser: eines Ausschnittes der Welt) ein System von Aussagefunktionen, von Aussagefunktionen über Aussagefunktionen usf. zur Verfügung (wobei ich aber im Gegensatze zu Russell nicht glaube, diese Aussagefunktionen seien etwas absolut

Gegebenes, in der Welt Aufweisbares). Die Beschreibung der Welt wird nun verschieden ausfallen, je nach der Reichhaltigkeit dieses Systems von Aussagefunktionen; wir machen also gewisse *Annahmen* über diese Reichhaltigkeit; z. B. werden wir fordern, daß, wenn $\varphi(x)$ und $\psi(x)$ in dem System vorkommen, dies auch von $\varphi(x) \vee \psi(x)$ und $\varphi(x) \wedge \psi(x)$ gilt; wir werden auch annehmen, daß neben $\varphi(x, y)$ auch $(y)\,\varphi(x, y)$ in dem Systeme vorkomme; wir können etwa auch annehmen, das System sei sogar so reichhaltig, daß auch eine Bildung wie $(\varphi)\,\varphi(x)$ nicht aus ihm herausführe; auch die Forderung, es solle das Unendlichkeitsaxiom oder das Auswahlaxiom gelten, sind in diesem Sinne Forderungen an die Reichhaltigkeit des Systems von Aussagefunktionen, mit Hilfe dessen ich die Welt beschreiben will. Die ganze Mathematik entsteht nun durch tautologische Umformung der an die Reichhaltigkeit unseres Systems von Aussagefunktionen gestellten Forderungen. Ob ein bestimmter Satz gilt oder nicht (z. B. der Satz von der Mächtigkeit der Potenzmenge, oder der Wohlordnungssatz), hängt von den an die Reichhaltigkeit des zugrunde gelegten Systems von Aussagefunktionen gestellten Forderungen ab, die man, wenn man will, *Axiome* nennen kann; die Frage nach einer *absoluten* Gültigkeit solcher Sätze ist gänzlich sinnlos.

Nun wird man vielleicht die Frage stellen wollen: *Gibt es* ein solches System von Aussagefunktionen, wie es hier gefordert wird? Im empirischen Sinne (oder im realistischen Sinne Russells) gibt es ein solches System gewiß nicht: es ist ausgeschlossen, ein solches System in der Welt aufzuweisen. Im konstruktiven Sinne der Intuitionisten gibt es ein solches System auch nicht. Aber daran liegt nichts; so wie die euklidische Geometrie sehr nützlich ist zur Beschreibung der Welt, obwohl ihre Punkte, Geraden, Ebenen nicht aufweisbar sind, ebenso ist die Annahme eines Systems von Aussagefunktionen, wie wir es besprachen, sehr nützlich zur Beschreibung der Welt, obwohl ein solches System weder empirisch noch konstruktiv aufweisbar ist. Die so aufgebaute Analysis hat nur hypothetischen Charakter: Nehme ich an, zur Beschreibung der Welt stehe mir ein System von Aussagefunktionen zur Verfügung, das gewissen Reichhaltigkeitsanforderungen genügt, so gelten in einer so gearteten Beschreibung der Welt die Sätze der Analysis. Tatsächlich geht auch die Beschreibung der Welt mit den Hilfsmitteln der Analysis über jede empirische Kontrollmöglichkeit weit hinaus. Natürlich muß aber von den an das postulierte System von Aussagefunktionen gestellten Reichhaltigkeitsforderungen *Widerspruchslosigkeit* vorausgesetzt werden, wodurch Anschluß an die Gedanken Hilberts gewonnen ist.

Was bedeutet nun in der so aufgefaßten Analysis eine Existentialbehauptung? Sicherlich behauptet sie keinerlei Konstruierbarkeit im intuitionistischen Sinne; ist sie aber deshalb so bedeutungsleer, wie die Intuitionisten meinen? Nehmen wir an, es sei mit transzendenten (also nicht konstruktiven) Hilfsmitteln irgendein Existentialsatz bewiesen worden, z. B. nur um konkreter zu sprechen, der Satz: »Es gibt eine stetige Funktion ohne Ableitung«; wird dann noch irgendwer versuchen, den Satz zu beweisen: »Jede stetige Funktion hat eine Ableitung?« Ich glaube, nein. Und damit hat dieser bloße Existentialsatz eine faktische Bedeutung; nicht die, daß irgendwie eine solche Funktion in der Welt empirisch aufweisbar sei; auch nicht die, daß sie »konstruierbar« sei; wohl aber die, ich möchte sagen »wissenschaftstechnische« Bedeutung einer Warnungstafel: Suche nicht den Satz: »Jede stetige Funktion hat eine Ableitung«, zu beweisen, denn es wird dir nicht gelingen. Daß dies tatsächlich die Rolle der bloßen »Existentialsätze« ist, werden – denke ich – die meisten Fachgenossen zugeben, die sich aktiv an Forschungen, wie sie etwa in der Theorie der reellen Funktionen getrieben werden, beteiligen.

Zum Schluß noch einige Worte zu Wittgensteins Kritik an Russell, über die Herr Waismann hier referiert hat. Daß mir diese Kritik in sehr wesentlichen Punkten berechtigt scheint, habe ich schon gesagt. Doch glaube ich, daß der Unterschied hier nicht durchweg so groß ist, als es nach Waismanns Referat scheinen mag. Nach Russell sind die natürlichen Zahlen Klassen von Klassen; Wittgensteins Auffassung ist anscheinend eine ganz andere; beachtet man aber, daß nach Russell Klassensymbole unvollständige Symbole sind, die erst eliminiert werden müssen, wenn man die wirkliche Bedeutung eines Satzes erkennen will, und führt man diese Eliminierung nach den von Russell angegebenen Regeln durch, so sieht man, daß die beiden Auffassungen durchaus nicht so verschieden sind. – Sicherlich besteht der von Wittgenstein betonte Unterschied zwischen System und Gesamtheit, zwischen Operation und Funktion, und es ist richtig, daß im

Russellschen System diese Unterscheidung nicht gemacht wird. Doch haben Operationen und Funktionen, Systeme und Gesamtheiten viel Gemeinsames und können deshalb sicherlich weitgehend gemeinsam, mit derselben Symbolik, behandelt werden. Um die in diesem Punkte geübte Kritik wirksam zu gestalten, müßte also aufgewiesen werden, daß Russell in dieser gemeinsamen Behandlung zu weit geht, sie auch noch in Fällen anwendet, wo sie wegen effektiver Unterschiede nicht mehr angewendet werden kann, und dadurch in Irrtum gerät.

Empirismus, Mathematik, Logik*

Die Grundthese des Empirismus ist diese: die einzige Quelle, die uns ein Wissen über die Welt, ein Wissen über Tatsachen, ein Wissen, dem Inhalt zukommt, liefern kann, ist die Erfahrung; alles derartige Wissen entstammt dem unmittelbar Erlebten. Die Stellung der Mathematik hat seit jeher diesem Standpunkt große Schwierigkeit bereitet; denn die Erfahrung kann uns kein *allgemeines* Wissen verschaffen, die Mathematik aber scheint allgemeines Wissen zu sein; jedes der Erfahrung entstammende Wissen bleibt mit einem Koeffizienten der *Unsicherheit* behaftet, an der Mathematik bemerken wir keinerlei Unsicherheit. Ich weiß aus der Erfahrung, daß ein sich selbst überlassener Stein zur Erde fällt, aber da ich dies nur aus der Erfahrung weiß, so kann es sein, daß bei meinem nächsten Versuche es sich anders verhält, daß ein sich selbst überlassener Stein frei in der Luft schweben bleibt; und wir haben nicht die geringste Schwierigkeit, uns dies anschaulich vorzustellen. Wüßten wir nur aus der Erfahrung, daß zwei mal zwei vier ist, so müßte es sich mit diesem Satze ebenso verhalten – aber das ist nicht der Fall; es ist völlig unvorstellbar, daß morgen zwei mal zwei fünf sei; wir haben die Gewißheit, daß dieser Satz jederzeit und überall galt und gilt und gelten wird. Und darum ist jeder Versuch, den Satz »zwei mal zwei ist vier« auf die Erfahrung zu gründen, von vornherein aussichtslos, und auch die Argumentation, dieser Satz beruhe auf besonders einfachen, besonders oft gemachten Erfahrungen und habe deshalb einen so hohen Grad von Gewißheit gewonnen, vermag dabei nicht zu helfen.

Es scheint also zunächst tatsächlich, als müßte am Bestehen der Mathematik der reine Empirismus scheitern, als hätten wir in der Mathematik ein Wissen über die Welt, das nicht aus der Erfahrung stammt, ein Wissen a priori; und bekanntlich ist dies tatsächlich die Meinung mancher rein rationalistisch gerichteter Philosophen, insbesondere aber der an Kant orientierten Philosophie. Und die hier für den Empirismus vorliegende Schwierigkeit ist so auffällig, so einschneidend, daß jeder, der konsequenten

* Zuerst erschienen in: *Forschungen und Fortschritte* 5 (1929).

Empirismus vertreten will, zu dieser Schwierigkeit Stellung nehmen muß. Ein solcher Versuch sei hier – in knappen Andeutungen – unternommen.

Bemerken wir zunächst, daß das über die Sätze der Mathematik Gesagte auch auf die Sätze der Logik zutrifft; der Satz »wenn alle a b sind, und alle b c sind, so sind auch alle a c« ist allgemein gültig wie der Satz »zwei mal zwei ist vier«; auch bei ihm ist es unvorstellbar, daß er etwa morgen nicht gelten könnte, auch er kann daher nicht aus der Erfahrung stammen. Fragen wir also zunächst: wie läßt sich der Empirismus mit dem Bestehen der reinen Logik vereinbaren?

Wollte man die Logik – wie dies geschehen ist – auffassen als die Lehre von den allgemeinsten Eigenschaften der Gegenstände, als die Lehre von den Gegenständen überhaupt, so stünde hier der Empirismus tatsächlich vor einer unüberwindlichen Schwierigkeit. In Wirklichkeit aber sagt die Logik überhaupt nichts über Gegenstände aus; Logik ist nicht etwas, das sich in der Welt vorfindet, Logik entsteht vielmehr erst dadurch, daß – vermöge einer Symbolik – *über die Welt gesprochen* wird, und zwar vermöge einer Symbolik, deren Zeichen keineswegs, wie man zunächst vermuten möchte, umkehrbar eindeutig und isomorph dem zu Bezeichnenden zugeordnet sind (die Einführung einer Symbolik durch eine umkehrbar eindeutige und isomorphe Abbildung hätte sehr geringes Interesse). Nur ein Beispiel: in der *Logik* wird neben jeder Aussage p auch deren Negat non-p betrachtet; in der *Welt* aber ist von den beiden mit p und non-p gemeinten Sachverhalten immer nur einer vorhanden. Unsere Symbolik nun gestattet es, den einen in der Welt vorhandenen Sachverhalt doppelt auszudrücken: durch Bejahung von p, durch Verneinung von non-p. Wäre es so, daß in der Welt sowohl der Sachverhalt p, als auch der Sachverhalt non-p vorhanden wäre, und hätte der Satz des Widerspruches zum Inhalt, daß die beiden vorhandenen Sachverhalte p und non-p in irgendeiner (näher zu präzisierenden) Weise niemals vereinigt anzutreffen sind, so würde der Satz des Widerspruches etwas über die Welt aussagen und wir stünden vor dem für den Empirismus verhängnisvollen Dilemma: entweder stammt der Satz des Widerspruches aus der Erfahrung, dann kann er nicht sicher sein; oder er ist sicher, dann kann er nicht aus der Erfahrung stammen. Da aber den beiden Aussagen p und non-p nicht verschiedene Sachverhalte in der

Welt entsprechen, sondern lediglich *einer*, der nur durch sie verschieden bezeichnet wird, so sagt der Satz des Widerspruchs über die Welt gar nichts aus, er handelt vielmehr von der Art, wie die verwendete Symbolik *bezeichnen* soll.

Und ebenso wie der Satz des Widerspruchs sagen auch alle anderen Sätze der Logik über die Welt nichts aus. Die Logik entsteht dadurch, daß die Symbolik, die wir verwenden, um über die Welt zu sprechen, es gestattet, *dasselbe* auf verschiedene Arten zu sagen, und die sogenannten Sätze der Logik sind Anweisungen, wie man – innerhalb der verwendeten Symbolik – etwas Gesagtes auch anders sagen kann, einen auf eine Art bezeichneten Sachverhalt noch auf eine andere Art bezeichnen kann.

Es wäre nun verlockend, zu zeigen, wie bei dieser Auffassung der Logik das anscheinend so merkwürdige Problem vom Parallelismus im Ablauf unseres Denkens und des Weltgeschehens sich auflöst – jenem Parallelismus, dem zufolge wir imstande wären, durch Denken etwas über die Welt auszumachen, wie es scheinbar in so großartiger Weise in der theoretischen Physik geschieht. Wir müssen es uns versagen und den wenigen noch verfügbaren Raum dazu verwenden, um zu dem Problem zurückzukehren, von dem wir ausgingen: wie ist reiner Empirismus mit dem Bestehen der Mathematik verträglich?

Wir haben schon angedeutet, wie reiner Empirismus mit dem Bestehen der Logik verträglich ist. Die Frage: »wie ist reiner Empirismus mit dem Bestehen der Mathematik verträglich?« ist also miterledigt, wenn es gelingt zu zeigen, daß Mathematik ein Teil der Logik ist, daß also auch die Sätze der Mathematik nichts über die Welt aussagen, sondern lediglich Anweisungen sind, etwas Gesagtes anders zu sagen. Bekanntlich hat Kant aufs entschiedenste den rein logischen Charakter der Mathematik bestritten, und durch den Einfluß Kants wurden die Bestrebungen, Mathematik in Logik aufzulösen, in den Hintergrund gedrängt. Neuerdings aber sind diese Bestrebungen, unter Führung von B. Russell, wieder gewaltig erstarkt und scheinen in siegreichem Vordringen. Vielleicht kann den kanppen Andeutungen, die ich hier in wenigen Zeilen zu geben versuchte, entnommen werden, warum gerade der Empirismus besonders interessiert ist an der rein logischen Grundlegung der Mathematik. Die Untersuchungen über die Grundlagen der Mathematik – scheinbar das Werk einiger Spezialisten – sind in Wahrheit von gewaltigster Bedeutung für das gesamte System unserer Erkenntnis: am Ausgange des Streites über die Grundlagen der Mathematik hängt die Beantwortung der Frage: »Ist konsequenter Empirismus möglich?«

Reflexionen über Max Plancks
*Positivismus und reale Außenwelt**

In tausenderlei Gestalten zieht sich durch die Geschichte der Philosophie die Lehre: was wir durch unsere Sinne erfahren, sehen, hören etc. ... sei nur Schein, hinter dem sich eine ganz anders geartete, unsren Sinnen unzugängliche Welt des wahren Seins verbirgt.

Diese Lehre spielt in der indischen Philosophie eine große Rolle. Unabhängig davon ist sie schon in den Anfängen der griechischen Philosophie entstanden und seither vorherrschend in der europäischen Philosophie; die Lehre vom Einen der Eleaten, die Ideenlehre Platos, die Lehre Leibniz' von den Monaden, die Philosophie von Kant sind beherrscht von dieser Auffassung, und wir finden sie wieder in den Ansichten ganz moderner Physiker, etwa bei Max Planck, in der Schrift »Positivismus und reale Außenwelt«, auf die ich noch zu sprechen komme. Wie konnte eine solche Lehre entstehen? Dazu gab es vielerlei Anlässe.

Das Phänomen des Traumes. Im Traume erleben wir alles mögliche, ähnliches wie im Wachen. Aber Träume sind Schäume, ihnen entspricht keine Realität, keine Wirklichkeit, nur dem, was wir im Wachzustand erleben, entspricht eine Realität. – Aber es ist oft außerordentlich schwer, zu entscheiden, ob wir etwas wirklich erlebt haben, oder ob wir es nur geträumt haben. Vielleicht ist aber unser ganzes Leben nur ein Traum?

Verwandt mit dem Traum [sind] gewisse pathologische Zustände, z. B. Alkoholrausch: man sieht alles verzerrt, man sieht manches doppelt; aber das ist nur Täuschung. Vielleicht leben wir aber ständig in einem solchen Rauschzustand, der uns alles falsch sehen läßt? Ganz analog verhält es sich mit Halluzinationen. Da ist es oft außerordentlich schwer zu entscheiden, ob etwas halluziniert ist, oder wirklich erlebt. Viele Leute schwören auf die Realität ihrer Halluzinationen, z. B. die Heilige gesehen haben, und es ist unmöglich, ihnen das auszureden. Aber auch umgekehrt: bei Säuferwahn bilden sich die Leute ein, Mäuse, Hirschkäfer und ähnliches Getier zu sehen. Anekdote.

---

* Aus dem Nachlaß.

Fakirwunder durch Suggestion. Ist das wirklich so? Vielleicht stehen wir alle unter Suggestion eines großes Fakirs.

Aber abgesehen von Traum- und pathologischen Zuständen, auch im gesunden Wachen erleben wir fortgesetzt sogenannte Sinnestäuschungen. Ein ferner Gegenstand scheint kleiner als in der Nähe, aber in Wirklichkeit ist er gleich groß. Ein in Wasser getauchter Stab scheint gebrochen, in Wirklichkeit ist er gerade. Ein Regenbogen, eine Luftspiegelung. Wenn uns nun unsere Sinne manchmal täuschen, vielleicht täuschen sie uns immer? Regenbogen, Luftspiegelung. Vielleicht ist alles so irreal.

Verzerrende farbige Brille. Vielleicht sehen wir fortwährend durch eine solche Brille?

Nun entsteht die Frage: welches Mittel haben wir, um unsre Sinne zu kontrollieren, wenn wir ihnen schon nicht trauen; welches Mittel haben wir, um uns einer Realität zu bemächtigen, die von der Welt der Sinne verschieden wäre?

Da war nun die Meinung, daß wir tatsächlich ein solches Mittel zur Verfügung haben, nämlich das Denken. Während uns die Sinne täuschen können, und offenbar auch vielfach täuschen, meinte man, daß wir im Denken ein untrügliches Mittel der Wirklichkeitserforschung hätten, vermöge dessen wir durch allen Schein hindurch zum wahren Sein vordringen können.

So glaubte, um nur ein Beispiel zu skizzieren, Platon den Gegenständen der Sinnenwelt insgesamt das wahre Sein absprechen zu müssen, weil ihr Verhalten nicht unsrem Denken gemäß sei. Ihn störte es, daß es viele einzelne Menschen gibt, aber in unsrem Denken nur einen Begriff »Mensch«, daß die einzelnen Menschen entstehen und vergehen und sich verändern, während der Begriff »Mensch« ewig unveränderlich sei. Alle diese Abweichungen am Verhalten der Einzelmenschen vom Begriffe »Mensch« erschienen ihm als Unvollkommenheiten, und er meinte – da doch unser Denken sicher ein Abbild des wahren Seins sei, und da die Einzelmenschen sich anders verhalten als der Begriff »Mensch« – müßte in der Welt des wahren Seins eine Wesenheit existieren, die genau unsrem Begriffe »Mensch« entspricht: die Idee des Menschen. Und so auch für andre Begriffe; z. B. auch für die Zahlen – und in dieser Form spukt die platonische Auffassung noch bis in unsre Tage.

Noch radikaler in dieser Beziehung waren die Eleaten. Sie glaubten, daß jede Vielheit, jede Begrenzung, jede Veränderung, also auch jede Bewegung dem Denken widerspreche, sich also im wahren Sein nicht finden könne; und da sie sich in der Sinnenwelt überall fänden, müsse diese Sinnenwelt bloßer Schein sein; das Seiende sei Eines, unbegrenzt, unveränderlich. Um nur eines der Argumente zu zitieren: Der fliegende Pfeil.

Dieses Zutrauen zum Denken gegenüber dem Mißtrauen gegen die Sinne rührte wohl daher, daß man – entgegen den Sinnestäuschungen – mit dem Denken in den Fällen des täglichen Lebens gute Erfahrungen gemacht hatte, etwa mit den Anwendungen der Mathematik, wo man – wenn man nicht falsch gedacht, d. h. sich gegen die Regeln des Denkens vergangen hatte – immer zu Resultaten gekommen war, die sich bewährten. Aber im Laufe der Zeit zeigte es sich, daß man mit den viel weitergehenden Anwendungen des Denkens in der Philosophie auf keinen grünen Zweig kam – es war keine Einigung zu erzielen, was der eine Philosoph als sicheres Ergebnis exakten Denkens pries, erklärte der andere für baren Unsinn. Und so kam das Vertrauen ins Denken als geeigneten Mittels zu einem Vordringen aus der Welt des Scheins in die Welt wahren Seins mehr und mehr in Mißkredit. Den Vertretern unsrer Richtung scheint es heute ein ungeheures Mißverständnis des Wesens und der Aufgabe des Denkens, daß man überhaupt vom Denken etwas Derartiges erwartete. Nach unsrer Auffassung spielen sich die Operationen des Denkens (gemeint ist das logische Denken, das auch alles mathematische Denken umfaßt und dem allein Beweiskraft zukommt) nur innerhalb der Sprache ab, es handelt sich nur um Umformungen, die einen Satz in eine andre, die gleiche oder weniger besagende Form bringen; z. B. ob ich sage »es gilt p«, oder ob ich sage »es gilt p oder q und nicht q«, heißt ganz dasselbe; wenn ich sage »es gelten p und q«, so habe ich auch gesagt, daß p gilt. Alles Denken ist tautologisch. Sobald einem das klar ist, sieht man auch, daß das Denken unmöglich dazu taugen kann, uns Kunde von einem wahren Sein zu verschaffen, das verschieden wäre von der Welt der Sinne.

Wenn es nun wahr ist, daß die Sinne trügen und wir im Denken kein Mittel haben, trotz des Truges der Sinne zu einem wahren Sein vorzudringen, dann steht es scheinbar schlimm mit uns.

Aber was hat es überhaupt mit der Behauptung an sich, daß die Sinne trügen? Wir wollen uns noch einmal die Argumente ansehen, die zu dieser Behauptung führen.

Also z. B. der ins Wasser getauchte Stab: ich sehe ihn gebrochen, aber in Wirklichkeit ist er nicht gebrochen, also haben mich meine Sinne getäuscht. Was meint man, wenn man sagt: in Wirklichkeit ist er nicht gebrochen? Es liegt daher nur folgendes vor: unter gewöhnlichen Umständen tritt die optische Erscheinung des geknickten Stabes immer auf mit einer gewissen Tastempfindung: ich kann die Knickung auch tasten; bei dem ins Wasser getauchten Stab ist das nicht so; da habe ich zwar den Seheindruck der Knickung, aber den Tasteindruck wie bei einem geraden Stabe; es fehlt der Tasteindruck der Knickung. Und aus irgendwelchen Gründen halten wir uns mehr an die Tastempfindungen: ist die Tastempfindung der Knickung da, so sagen wir: der Stab ist wirklich geknickt, im anderen Fall: die Knickung war scheinbar. An sich hätte es genauso viel Berechtigung, sich mehr an den Gesichtssinn zu halten und zu sagen: wenn man einen Stock ins Wasser steckt, wird er wirklich geknickt, aber der Tastsinn betrügt uns und weist diese Knickung nicht auf. Was eigentlich vorliegt, ist aber nur: wir sind gewohnt, daß Gesichts- und Tasteindruck der Knickung vereint auftreten; tritt nur der Gesichtseindruck auf, so wundern wir uns (es ist eine Eigentümlichkeit von uns, uns nicht zu wundern, wenn alles so ist wie gewöhnlich, und uns zu wundern, wenn es anders ist); daß dann aber der Stab »in Wirklichkeit« nicht geknickt sei, ist nur eine Redeweise, die daher rührt, daß wir den Tastsinn bevorzugen, und die nichts anderes meint, als: die Tastempfindung der Knickung ist nicht da. Am klarsten wäre es, wenn man für die Sehempfindung ein anderes Wort hätte als für die Tastempfindung, z. B. »gestroph« und »geknickt«; dann würde sich der Sachverhalt so ausdrücken: die Empfindungen »gestroph« und »geknickt« treten meistens gemeinsam auf; wenn man aber einen Stock ins Wasser steckt, tritt nur die Empfindung »gestroph« und nicht die Empfindung »geknickt« auf; das ominöse, zu Mißverständnissen Anlaß gebende Wort »in Wirklichkeit« tritt nicht mehr auf (es war früher nur da wegen der zweideutigen Verwendung von »geknickt«, also in Folge mangelhafter Sprache), und es kann kein Schluß mehr gezogen werden: also hat uns der Gesichtssinn betrogen. Das Ganze ist nicht merkwürdiger, als daß Italienerinnen meistens schwarze Haare haben, aber hie und da ist eine blond; daraus kann man aber nicht schließen, daß uns die Sinne getrogen haben; eher, daß sie sich die Haare gefärbt hat.

Ein anderes Beispiel: wenn man in einem Eisenbahnzug sitzt, der sich langsam in Bewegung setzt, so sieht es oft so aus, als würde der Zug ruhen und das Stationsgebäude in entgegengesetzer Richtung in Bewegung geraten. Man ist auch da gewohnt, zu sagen: der Gesichtssinn hat uns getäuscht. Was liegt tatsächlich vor? Was meinen wir damit, wenn wir sagen: in Wirklichkeit fährt der Zug, und das Stationsgebäude ist in Ruhe? Das kann man in dem Fall ziemlich präzise sagen: man meint: der Zug ändert seine Lage gegenüber der Erde, das Gebäude aber nicht. Nun ist die Sache so, daß wir direkt wahrnehmen die Ortsveränderung eines Körpers in bezug auf uns, nicht aber in bezug auf die Erde (z. B. auf offenem Meer, wo man nichts von der festen Erde sieht, hat man keine Ahnung, ob ein schwimmender Gegenstand gegenüber dem Erdkörper ruht oder von einer Strömung getrieben wird); eine Ortsveränderung eines Körpers in bezug auf uns kommt aber sowohl zustande, wenn wir uns gegen die Erde bewegen, aber der Körper ruht, als auch umgekehrt. Nun sind wir aber gewohnt, im ersten Fall von unsrer Bewegung gegen die Erde auch anders als durch den Gesichtssinn Kenntnis zu haben: durch die Muskelanstrengung, wenn wir gehen, durch Stöße und Geräusche, wenn wir fahren. Setzt sich nun der Zug langsam in Bewegung, und merken wir keine Stöße und hören kein Geräusch, so schließen wir unwillkürlich, daß wir nicht in Bewegung gegen die Erde sind, und daß daher, weil wir eine relative Ortsänderung des Gebäudes gegen uns wahrnehmen, das Gebäude in Bewegung gegen die Erde ist; was also vorliegt, ist nicht ein Trug der Sinne, sondern ein falscher Schluß, den wir – vielleicht unbewußt – ziehen. Das irreleitende Wort »in Wirklichkeit« haben wir wieder gänzlich herausgeschafft.

Ähnlich die scheinbare Bewegung der Sterne. Man sagt: die Sinne zeigen uns eine Bewegung der Sterne; diese Bewegung findet aber in Wirklichkeit nicht statt, sondern in Wirklichkeit dreht sich die Erde um ihre Achse. Offenbar ist hier unter wirklicher Bewegung etwas anderes gemeint als vorhin, wo darunter Bewegung gegen die Erde gemeint war; denn gegen die Erde sind ja die Sterne in Bewegung. Wir müssen also vor allem wissen, was hier unter wirklicher Bewegung gemeint ist. Und da stellt sich nun heraus, daß man gar nicht recht sagen kann, was hier damit gemeint ist, zumindesten nicht in einigermaßen einfacher Weise; und tatsächlich ist (mit) der Relativitätstheorie die Frage in dieser Form sinnlos. Dieses ominöse Wort »in Wirklichkeit« erweist sich als sehr gefährlich. Was man sinnvoll sagen kann, ist: die Sterne zeigen eine Ortsveränderung gegen die Erde; die Frage, ob dabei die Erde in Wirklichkeit bewegt sei und die Sterne nicht, oder umgekehrt, hat zumindest ohne weitere Angaben keinen Sinn. Daß wir auch hier den unbewußten Schluß ziehen, weil wir keine Muskelanstrengung, keine Erschütterung, kein Geräusch merken, seien wir in Wirklichkeit in Ruhe, rührt nur von der Verwechslung des hier sinnlosen »in Wirklichkeit« mit dem Obigen, das hieß: »in bezug auf die Erde«, her. Von einer Täuschung der Sinne kann, sobald man nur einmal das Wort »in Wirklichkeit« weggeschafft hat, keine Rede sein.

Nun überlegen wir, wie es etwa im Falle des Regenbogens liegt. Man sieht ihn ganz deutlich, an einer ganz bestimmten Stelle. Wenn man aber an diese Mitte hingeht, so verschwindet er, und es [ist] nichts dort, nur daß es regnet. Also – sagt man – hat unser Gesichtssinn uns getäuscht; er hat uns an einer bestimmten Stelle einen farbigen Bogen gezeigt, während in Wirklichkeit an dieser Stelle kein farbiger Bogen ist. Was heißt hier das »in Wirklichkeit«? Man ist gewohnt, daß, wenn man an einer Stelle etwas sieht und man geht hin, dann der Gesichtseindruck bestehen bleibt und noch ein Tasteindruck dazukommt. Im Fall des Regenbogens liegt es anders. Das »in Wirklichkeit ist kein Bogen da« soll nun nur heißen: entgegen dem, was ich sonst gewohnt bin, verschwindet der Gesichtseindruck des Regenbogens, wenn ich näher hingehe, und es treten dort auch keine Tastempfindungen ein. Daß mich die Sinne getäuscht hätten, kann nicht sein. Ich habe nur wieder voreilig geschlossen: weil ich diesen Gesichtseindruck hatte und weil…, so müsse auch dieser Gesichtseindruck beharren und ein Tasteindruck dazukommen. Also nicht Täuschung durch die Sinne, sondern ein falscher Schluß liegt vor. So als ob ein Bub, der gewohnt ist, wenn er die Zunge herausstreckt, eine Ohrfeige zu kriegen, einmal danach keine Ohrfeige kriegt und nun sagen würde: in Wirklichkeit habe ich also nicht die Zunge herausgestreckt.

Ganz Analoges könnte über Luftspiegelung, Fata Morgana etc. gesagt werden. Bei allen diesen Fällen von sogenannten Sinnestäuschungen, die übrigens sämtlich längst in physikalische Theorien eingeordnet sind und daher für uns gar nichts mehr Paradoxes haben, ist es also so: die Ausdrucksweise, daß es sich dabei um Sinnestäuschungen handle, daß unsre Sinne uns dort etwas vortäuschen, wo in Wirklichkeit nichts ist, kommt daher, daß wir aus unsren Sinneseindrücken voreilige Schlüsse gezogen haben, die sich dann nicht bestätigen. Das wird einem völlig klar, sobald man dem an sich nichtssagenden und dadurch irreführenden Wörtchen »in Wirklichkeit« eine konkrete Bedeutung zu geben versucht.

Hat man sich das klar gemacht, so ist es nicht schwierig, zu sehen, wie es sich z. B. im Falle einer Halluzination verhält.

Besprechung von Alfred Pringsheim:
*Vorlesungen über Zahlen- und Funktionslehre**

Von Pringsheims seit geraumer Zeit angekündigten *Vorlesungen über Zahlen- und Funktionenlehre* liegen nun zwei Abteilungen des ersten Bandes vor; die erste trägt den Untertitel: *Reelle Zahlen und Zahlenfolgen;* die zweite: *Unendliche Reihen mit reellen Gliedern;* eine dritte Abteilung wird die Einführung der komplexen Zahlen, die dadurch notwendig werdende Vervollständigung der Reihenlehre, die Theorie der unendlichen Produkte und Kettenbrüche bringen. Den Inhalt des zweiten Bandes soll bilden ›eine Einführung in die Theorie der eindeutigen analytischen Funktionen einer komplexen Veränderlichen und der einfachsten mehrdeutigen Umkehrungsfunktionen auf Grund der Weierstraßschen Methoden und deren weiterer Ausbildung, namentlich in bezug auf die Theorie der ganzen transzendenten Funktionen und der analytischen Fortsetzung‹.

Wenn vielleicht manche Autoren ihren Werken den Titel ›Vorlesungen‹ geben, um damit entschuldigend anzudeuten, daß sie etwas nicht ganz Abgerundetes, nicht in sich Abgeschlossenes und Vollendetes bringen, so trifft dies auf das vorliegende Werk ganz und gar nicht zu. Es waren schon die Vorlesungen, die Pringsheim an der Münchner Universität wiederholt über unsren Gegenstand hielt, völlig druckfertige, mit vollster Beherrschung von Stoff und Form sorgfältigst durchgearbeitete Kunstwerke; und das ›durch Zusammenfassung und teilweise weitere Ausführung‹ dieser Vorlesungen entstandene vorliegende Buch hat denn einen Grad der Vollendung erreicht, wie er bei mathematischen Werken – leider, aber begreiflicherweise – heute selten ist. Wenn wir uns trotzdem bei Besprechung dieses Buches nicht auf bloßes *Referieren* beschränken, sondern auch veranlaßt sehen, in einigen Punkten *Kritik* zu üben, so sei von vornherein betont, daß es

---

* Zuerst erschienen in: *Göttingische gelehrte Anzeigen* (Nr. 9 u. 10), 1919, S. 321-338.
Das Buch von Pringsheim erschien in B. G. Teubners Sammlung von Lehrbüchern auf dem Gebiete der mathematischen Wissenschaften mit Einschluß ihrer Anwendungen, Band XL. Leipzig und Berlin, B. G. Teubner 1916. Erster Band, erste Abteilung XII, 292 S. Zweite Abteilung VIII, 222 S.

sich dabei – abgesehen von gelegentlichem Hinweise auf das eine oder andre kleine Versehen, wie sie bei Erstauflagen größerer Werke unvermeidlich sind – fast ausnahmslos um jene die *Grundlagen* betreffenden allgemeinsten Fragen handelt, über die sich die Mathematiker noch bei weitem nicht einig sind, und um Fragen *methodischer* Natur, die bis zu einem gewissen Grade Fragen persönlichen Geschmackes sind, und als solche wohl zu allen Zeiten von verschiedenen Mathematikern werden verschieden beantwortet werden.

Um gleich auf eine die Grundlagen betreffende Frage zu sprechen zu kommen, sei an eine Stelle des Vorwortes angeknüpft; dort heißt es: ›Daß trotz des elementaren Charakters der Darstellung durchweg möglichste Strenge der Beweisführung angestrebt wird, bedarf wohl kaum der Erwähnung, da dies nach meinem Dafürhalten als selbstverständliche Forderung jeder mathematischen Darstellung gelten sollte‹. Es erscheint auffällig, daß hier nur ›möglichste‹ Strenge, nicht *absolute Strenge* verlangt wird; wer Pringsheims Leistungen kennt, weiß von vornherein, daß dies nicht ein Hintertürchen sein soll, um auf Grund irgendwelcher pädagogischer Erwägungen da und dort, wo Strenge unbequem und schwierig wird, der Unexaktheit Einlaß zu gewähren. Und doch mag jenes Wörtchen ›möglichst‹ nicht zufällig gewählt sein; vielleicht soll es andeuten, daß absolute Strenge des Aufbaues der Zahlenlehre eine recht schwer erfüllbare Forderung ist, der im gegebenen Rahmen gar nicht hätte Genüge getan werden können. Denn was ist absolute Strenge? Wann darf ein Beweis als völlig streng gelten? Unbedenklich werden viele darauf antworten: wenn er nur rein logische Hilfsmittel benutzt. Doch dann kommt die weitere Frage: Welches sind rein logische Hilfsmittel? Einen Hinweis auf die üblichen Lehrbücher der Logik könnte man da nicht als befriedigende Antwort gelten lassen, denn das ist wohl unter allen Mathematikern, die sich mit den Grundlagen ihrer Wissenschaft beschäftigen, unbestritten, daß die Sätze der üblichen Logik zum Aufbau der Mathematik nicht ausreichen, ganz abgesehen davon, daß die gewöhnlichen Darstellungen der Logik durchaus die Präzision vermissen lassen, die erforderlich wäre, wenn man die mathematische Beweisführung auf sie gründen wollte. Also: sachlich nicht ausreichend, formal nicht hinlänglich präzise, so muß der Mathematiker, dem der folgerichtige Aufbau seiner Wissenschaft am Herzen liegt, die üblichen Darstellungen der Logik charakterisieren. Bekanntlich hat diese Lage der Dinge dazu geführt, daß es von mathematischer Seite unternommen wurde, der Logik jene Gestalt zu geben, wie sie der Mathematiker für seine Zwecke bedarf; es sei hier nur auf das System der *symbolischen Logik* hingewiesen, das Peano und seine Schüler ausgearbeitet haben. Kann nun die oben gestellte Frage nach den rein logischen Hilfsmitteln etwa durch einen Hinweis auf Peanos *Formulario* beantwortet werden? Wir fürchten, daß auch dies nicht der Fall ist. Wir dürfen wohl heute daran glauben, daß die Aufnahme von G. Cantors *Mengenlehre* in das System der Mathematik eine endgültige und inappellable Tatsache darstellt. Bekanntlich treten aber in dieser Disziplin gewisse Widersprüche auf, die offenbar von irgend einem Mangel in den logischen Grundlagen herrühren. Diese Widersprüche treten aber nicht nur dann auf, wenn man sich der üblichen Logik bedient, auch Peano's symbolische Logik vermag es nicht, diese Widersprüche zu vermeiden; insolange aber sie das nicht vermag, kann auch sie nicht als ausreichende logische Grundlage der Mathematik gelten.

Nun ist wohl neuerdings ein groß angelegter Versuch[1] gemacht worden, die symbolische Logik so zu gestalten, daß alle Widersprüche vermieden werden, und daß sie uns die vollständige Tafel aller jener Grundbegriffe und Grundsätze darstelle, deren die Mathematik zu ihrem Aufbau bedarf. Ob dieser Versuch gelungen ist, darüber kann ich zur Zeit kein Urteil abgeben; eines aber scheint sicher; dieses logische System ist so schwierig und umfangreich geworden, daß es aus praktischen Erwägungen gänzlich ausgeschlossen ist, es zum Ausgangspunkt für eine mathematische Darstellung elementarsten Charakters zu wählen, und die oben aufgeworfene Frage nach den Kriterien absoluter Strenge durch einen Hinweis auf dieses System zu beantworten. Haben sich die Mathematiker seit den Tagen Euklids damit abgefunden, daß es zu ihrer Wissenschaft keinen *Königsweg* gibt, so darf doch andrerseits der Zugang zu ihr nicht über die langwierigsten und halsbrecherischsten Hochgebirgspfade führen, so daß die Mehrzahl aller Beschreiter unterwegs scheitern müßte, die wenigen aber, denen es gelänge, deren Schwierigkeiten zu überwinden, zu Tode erschöpft ankämen, und zwar nicht am Ziele, sondern dort, wo nun die eigentliche Mathematik erst beginnen soll.

1 *Principia mathematica* von A. N. Whitehead und B. Russell, Cambridge.

Es scheint also tatsächlich, daß die Forderung nach absoluter Strenge, wie die Dinge heute liegen, nicht gut gestellt werden kann; wir müssen uns mit ›möglichster Strenge‹ begnügen, wobei es denn freilich dem einzelnen überlassen bleibt, was er als ›möglichst‹ betrachten will. Das hat, sobald man einmal über die Grundlegung hinaus ist, wenig zu bedeuten, macht sich aber, wie wir gleich sehen werden, eben bei der Grundlegung recht unangenehm fühlbar. Der Verfasser selbst ist sich dessen offenbar bewußt, daß, was er in diesen Fragen für ausreichend streng hält, anderen nicht so erscheinen könnte; spricht er doch im Vorworte selbst von Überlegungen, auf Grund deren *für ihn* die Existenz der natürlichen Zahlen außer Zweifel stehe, ›selbst auf die Gefahr hin, daß unerbittliche Logiker, Axiomatiker oder Mengentheoretiker hiergegen Widerspruch erheben sollten‹.

Wenn wir also notgedrungen darauf verzichten müssen, in der logischen Grundlegung usque ad initium, bis zum bittern Anfang zurückzugehen – wo soll nun der Aufbau der Mathematik einsetzen? Die meisten Darstellungen, und so auch die vorliegende, wählen – und auch mir scheint dies das naturgemäße – als Ausgangspunkt den Begriff der *natürlichen Zahl*. Damit aber sind wir wieder bei einer Frage angelangt, die seit langem mathematisch interessierte Philosophen und philosophisch interessierte Mathematiker in Atem hält: kann die Lehre von den natürlichen Zahlen (und damit weiter Arithmetik und Analysis) *aus rein logischen Grundbegriffen und Grundsätzen* aufgebaut werden, oder bedarf es dazu *spezifisch mathematischer Grundbegriffe und Grundsätze*? Natürlich hat diese Frage einen präzisen Sinn nur dann, wenn eine Tafel der rein logischen Grundbegriffe und Grundsätze aufgestellt ist; verzichtet man darauf, so kann auch unsre Frage nicht mehr recht präzise beantwortet werden. Und so kommt es, daß wir nicht mit voller Sicherheit sagen können, welchen Standpunkt nun das vorliegende Werk zu dieser Frage einnimmt.

Herr Pringsheim hat jederzeit mit Erfolg und Temperament den Standpunkt vertreten, daß Berufung auf die Anschauung kein zulässiges Mittel mathematischer Beweisführung sei; er selbst hat in schönen und wichtigen Arbeiten zur Säuberung der Analysis von alogischen, anschaulichen Pseudobeweisen beigetragen. Dabei handelt es sich allerdings um *geometrische* Anschauung; aber was für die Geometrie recht ist, muß für die Arithmetik billig sein; auch in der reinen Arithmetik ist kein außerlogisches Beweismittel zulässig. Kann die Arithmetik außerlogischer Elemente nicht entraten, so hat sie die Verpflichtung, diese, als arithmetische Grundbegriffe und Grundsätze, an die Spitze zu stellen; als Quelle für die Gewißheit dieser Grundsätze mag sie sich – wenn sie sich überhaupt verpflichtet fühlt, nach dieser Quelle zu fragen – auf reine Anschauung, oder auf sonst eine Erkenntnisquelle berufen, ihren weiteren Aufbau aber hat sie sodann allein mit Hilfe der an die Spitze gestellten arithmetischen und der rein logischen Grundbegriffe und Grundsätze zu bewerkstelligen. Diesen Weg haben auch verschiedene moderne Darstellungen eingeschlagen, vielfach im Anschlusse an ein von Peano aufgestelltes System von Grundbegriffen und Grundsätzen der Arithmetik.[2]

Im vorliegenden Werke finden wir nirgends einen außerlogischen Grundbegriff oder Grundsatz formuliert und als solchen kenntlich gemacht. Wir gehen also wohl mit der Ansicht nicht irre, daß der Verfasser die Arithmetik rein logisch aufzubauen beansprucht; und wir werden hierin noch bestärkt durch einen Passus der Vorrede, wo er betont, er lasse eine kanonische Form für die unbegrenzt fortsetzbare, geordnete Folge der natürlichen Zahlen gewissermaßen vor den Augen der Leser entstehen, so daß die Existenz dieser letzteren für ihn außer Zweifel stehe. Hieran schließt sich der oben erwähnte Passus über etwaigen Widerspruch unerbittlicher Logiker. Wir müssen also zunächst die Einführung der natürlichen Zahlen näher ins Auge fassen.

Es wird ausgegangen von einer einfach geordneten Menge[3], die folgenden Forderungen genügt: 1) sie selbst und jede durch Weglassung von Anfangsgliedern entstehende Teilmenge hat ein erstes Element.[4] 2) Zu jedem Elemente, ausgenommen das erste, gibt es ein unmittelbar vorhergehendes. 3) Es gibt in ihr kein letztes

---

2 Arithmetices principia nova e methodo exposita. Torino 1889. Man findet dieses System auch in Anhang II von Genocchi-Peano, Differentialrechnung und Grundzüge der Integralrechnung.

3 Im Buche heißt es: »eine endlose Folge«. Ich möchte glauben, daß unter dem Wort »Folge« von Dingen ziemlich allgemein eine Belegung der geordneten Menge der natürlichen Zahlen mit diesen Dingen verstanden wird, so daß ich an dieser Stelle, wo der Begriff der natürlichen Zahl erst entwickelt werden soll, das Wort »Folge« lieber vermeide.

4 Das heißt, in der in der Mengenlehre üblichen Terminologie: die Menge ist *wohlgeordnet.*

Element. Es ist gewiß, daß sobald die Existenz einer solchen Menge feststeht, die Lehre von den natürlichen Zahlen entwickelt werden kann. Es handelt sich also vor allem darum, die Existenz einer solchen Menge nachzuweisen, was am besten durch effektive Angabe einer solchen Menge geschähe. Das ist denn auch das Ziel, das der Verf. zunächst verfolgt. Er sagt, man könnte eine solche Menge ›auf primitivste Art aus einem einzigen Fundamentalzeichen, etwa I, durch sukzessive Wiederholung herstellen, also:

(*) I, II, III, IIII, IIIII, . . .,

doch wäre sie wegen ihrer außerordentlichen Unübersichtlichkeit gänzlich unbrauchbar‹. An Stelle dieses Vorganges wird deshalb ein andrer gewählt, der zugleich die dekadische Schreibweise mit Hilfe der arabischen Ziffern liefert. Da es uns hier aber nur auf das Prinzipielle ankommt, und wir unseren Einwand, der beide Verfahren in gleicher Weise trifft, durchsichtiger an das erstgenannte anknüpfen können, kehren wir zu diesem zurück. Wir können nicht verhehlen, daß uns hier eine petitio principii vorzuliegen scheint, die sich in den in (*) auftretenden Punkten . . . verbirgt. Denn wollte man das, was diese Punkte kurz andeuten sollen, explizit aussprechen, was könnte es anders heißen als: die Operation des Hinzufügens eines Elementes I ist nach dem Typus ω durchzuführen, d. h. diesen Punkten kann ein präziser Sinn nur beigelegt werden, wenn der Ordnungstypus der Menge der natürlichen Zahlen bereits als bekannt angenommen wird.[5] Oder

---

5 Ganz denselben Einwand haben wir gegen die Darstellung der Lehre von den natürlichen Zahlen im kürzlich erschienenen Lehrbuch der Algebra von A. Loewy zu erheben. Dort werden (S. 2) die Peanoschen Axiome zugrunde gelegt; dabei wird aber Peanos fünftes Axiom: »enthält die Klasse s die Zahl 1, und neben jeder in ihr vorkommenden Zahl x auch die (unmittelbar folgende) Zahl x^+, so enthält sie die Klasse $\mathfrak{N}$ aller natürlichen Zahlen« durch das Axiom ersetzt: »Jedes Element von $\mathfrak{N}$ ist in dem Systeme $1, 1^+, 1^{++}, 1^{+++}, \ldots$ enthalten«. Durch diese Abänderung verliert meines Erachtens das Peanosche System seinen ganzen Sinn. – Auch in der neuesten Auflage der Theoretischen Arithmetik von O. Stolz und J. A. Gmeiner haben die Peanoschen Axiome einige Abänderungen erdulden müssen, durch die diesem so wohldurchdachten und klar formulierten Systeme ein Todesstoß versetzt wird; es ist in der Gestalt, die Gmeiner diesen Axiomen gibt (S. 15), die Rede von »den einer Zahl a in der Zahlenlinie nachfolgenden Zahlen«, ein Begriff«, der erläutert wird durch a^+, $(a^+)^+$ usf. Hier haben wir wieder das ominöse »usf.«, das an dieser Stelle, wo der Begriff der natürlichen Zahl, oder – wenn man will – der Typus ω, nicht zur Verfügung steht, keinen Sinn hat und eine petitio principii enthält. Aus den richtig wiedergegebenen Axiomen Peanos kann aber eine Anordnung der natür-

anders ausgedrückt: durch sukzessive Wiederholung des Fundamentalzeichens | kann doch auch eine nach dem Typus ω (oder nach dem Typus irgend einer transfiniten Ordinalzahl) geordnete Menge solcher Fundamentalzeichen hergestellt werden. Das ist aber hier nicht gemeint: die Punkte sollen andeuten, daß die Wiederholung des Zeichens | nur *endlich oft* vorgenommen werden darf; damit aber ist die petitio principii offenbar.[6] Der Versuch, eine Menge mit den oben postulierten Eigenschaften zu konstruieren, scheint mir also nicht gelungen. Doch sei gleich betont, daß ich dies nicht für ein großes Unglück halte. Wir denken uns den Schaden gut gemacht, indem wir die Existenz einer Menge unterscheidbarer Dinge, der die gewünschten Eigenschaften zukommen, als *unbewiesenen Grundsatz* hinnehmen.

Wie nun gelangt man von der Existenz einer solchen Menge zum Begriff der natürlichen Zahl? Hier muß ich abermals auf eine Meinungsverschiedenheit zwischen mir und dem Verfasser hinweisen, die diesmal allerdings nicht so sehr logischer als allgemein philosophischer Natur ist. Pr. erklärt nun schlechtweg die Elemente unsrer Menge als natürliche Zahlen.[7] Ich bin mir nicht völlig darüber klar, was damit gemeint ist. Gewiß ist Herr Pr. nicht der Ansicht, daß die jetzt von mir mit Tinte auf Papier gemalte 1 eine natürliche Zahl sei; so konkret ist die Sache offenbar nicht gemeint, sondern irgendwie anders, es dürfte nicht leicht fallen, den zugrunde liegenden Gedanken präzise zu formulieren. Meiner Ansicht nach kann 1 nur als konventionelles *Zeichen* für die Zahl eins aufgefaßt werden, das sich von Zeichen

lichen Zahlen *deduziert* werden, und dadurch dem Begriffe »die der Zahl *a* nachfolgenden Zahlen« ein präziser Sinn beigelegt werden.

6 Man wende hiegegen nicht ein, daß eine unendlich-oftmalige Wiederholung unausführbar sei. Auch eine $10^{10^{10}}$-malige Wiederholung ist unausführbar. Wollte man aber behaupten, die unendlich oftmalige Wiederholung sei noch in anderem Sinne, gewissermaßen in höherem Grade unausführbar als die $10^{10^{10}}$-malige, so hätte man die Verpflichtung, das zu begründen, d. h. den genauen Sinn der Termini »ausführbar« und »unausführbar« darzulegen, was zu äußerst schwierigen Fragen psychologischer, erkenntnistheoretischer, ja wohl sogar metaphysischer Natur führen würde, die man bei Begründung der Arithmetik wohl unbedingt wird vermeiden wollen.

7 Um genau zu referieren, möchte ich nicht unerwähnt lassen, daß Pr. nicht von einer Menge irgendwelcher Elemente spricht, sondern von diesen Elementen verlangt, sie sollen »Zeichen« sein. Nun kann doch wohl jedes Ding als Zeichen für jedes andre Ding verwendet werden, so daß es anscheinend gleichgiltig ist, ob wir von Mengen beliebiger Elemente, oder Mengen von Zeichen sprechen. Für die Erörterungen des Textes ist dies sicherlich gleichgiltig.

wie *a*, *b*, *x*, *y* nur dadurch unterscheidet, daß alle Menschen unsres Kulturkreises darin einig sind, daß ein solches Zeichen (ohne gegenteilige Abmachung) stets die Zahl eins bedeuten soll – so wie man stets die irrationale Zahl, die das Verhältnis von Kreisumfang zum Durchmesser angibt, mit π bezeichnet, ohne daß doch jemandem beifallen wird, zu sagen, das Zeichen π *sei* diese irrationale Zahl. Meiner Ansicht nach verhält sich die Sache folgendermaßen. Man kann beweisen, daß je zwei Mengen, die alle oben geforderten Eigenschaften besitzen, gleichen Ordnungstypus haben, d. h. umkehrbar eindeutig und ähnlich auf einander abgebildet werden können. Man kann weiter beweisen, daß es zwischen zwei solchen Mengen *nur eine einzige* ähnliche Abbildung geben kann. Dadurch ist jedem Elemente einer solchen Menge in jeder andern solchen Menge in eindeutiger Weise ein bestimmtes Element zugeordnet. Jedes Element einer solchen Menge steht also – rein ordinal betrachtet – zu seiner Menge in derselben Relation, wie jedes der ihm zugeordneten Elemente zu der seinen. *Diese Relation* nun ist die natürliche (Ordinal-)Zahl des betreffenden Elementes.[8] Das Element selbst kann dann als *Zeichen* für diese Ordinalzahl verwendet werden.

Soviel über den Begriff der natürlichen Zahl als Ordinalzahl. Aber die Arithmetik kommt mit diesem Begriffe allein nicht aus, sie benötigt auch den Begriff der Anzahl, der *Kardinalzahl*. Schon das allgemeine assoziative Gesetz kann ohne diesen Begriff gar nicht formuliert werden. Dieser Sachverhalt – der anscheinend keineswegs allen Autoren, die über die Grundlegung der Arithmetik geschrieben haben, zum Bewußtsein gekommen ist – wird vom Verf. mit dankenswerter Klarheit formuliert; es muß also nun aus dem bereits vorliegenden Begriff der natürlichen Ordinalzahl der der natürlichen Kardinalzahl hergeleitet werden. Die Grundlage hierfür bietet bekanntlich der Satz: In der Menge $\mathfrak{N}$ der natürlichen Zahlen ist kein Abschnitt einem anderen Abschnitte oder der Menge $\mathfrak{N}$ selbst äquivalent. Dieser Satz ist es denn auch im wesentlichen, dem die Überlegungen von § 3

---

8 Hätten wir an unsre Mengen nur die erste der drei Forderungen gestellt, so würden wir so auch Cantors *transfinite Ordinalzahlen* erhalten. – Eine solche rein ordinale Definition der *rationalen* (oder der *reellen*) Zahlen kann es nicht geben. Denn zwei Mengen, deren Ordnungstypus der der natürlich geordneten Rationalzahlen ist, können nicht nur auf *eine*, sondern auf unendlich viele Weisen ähnlich aufeinander abgebildet werden.

gelten. Daß aber diese Überlegungen einen logischen Beweis des fraglichen Satzes liefern, vermag ich nicht anzuerkennen. Der Gedankengang ist der folgende: sei 1, 2, 3..., n ein Abschnitt $\mathfrak{A}$ von $\mathfrak{N}$, und seien a, b, c, ... die irgendwie umgeordneten Elemente dieses Abschnittes. Man denke sie sich der Reihe nach den natürlichen Zahlen 1, 2, 3, ... zugeordnet. Nun bringe man durch eine Transposition zuerst 1 wieder auf den ursprünglichen Platz, dann 2, und ›so fortfahrend gelangt man *schließlich* dazu, auch jedem der übrigen Elemente 3, ..., n den mit der entsprechenden Nummer versehenen Platz zuzuteilen‹. Da bei diesem Verfahren niemals ein von einem der Elemente a, b, c ... besetzter Platz leer, ebensowenig ein anfänglich leerer Platz besetzt wird, im Schlußresultate aber gerade die Plätze 1, 2, ..., n besetzt erscheinen, so muß dies auch anfänglich der Fall gewesen sein; auch in der Umordnung a, b, c, ... waren also die Zahlen 1, 2,..., n gerade dem Abschnitte $\mathfrak{A}$ von $\mathfrak{N}$ zugeordnet. Dieser Beweis scheint auf den ersten Blick einwandfrei, und doch läßt sich an einem Beispiele zeigen, daß er nicht bindend sein kann. Nehmen wir statt des Abschnittes $\mathfrak{A}$ von $\mathfrak{N}$ die Menge $\mathfrak{N}$ selbst, d. h. die nach dem Typus ω geordnete Menge der natürlichen Zahlen:

(*)   1, 2, 3, ...

Durch folgende Umordnung denken wir sie uns auf den Typus $\omega.2$ gebracht:

(**)   1, 3, 5, ...;   2, 4, 6, ...

Wie oben können wir nun argumentieren: man bringe durch Transposition zuerst das Element 2 auf seinen ursprünglichen Platz, dann das Element 3 usf. Man erhält so der Reihe nach:

$$1, 2, 5, \ldots; \qquad 3, 4, 6, \ldots$$
$$1, 2, 3, 7, \ldots; \qquad 5, 4, 6, \ldots$$
$$1, 2, 3, 4, 9, \ldots; \qquad 5, 7, 6, \ldots$$
$$\cdots\cdots\cdots\cdots\cdots\cdots\cdots\cdots$$

Auch hier wird im Laufe der Operationen niemals ein in (**) besetzter Platz leer, nie ein leerer Platz besetzt; auch hier kommt man ›schließlich‹ (d. h. hier nach einer abzählbaren, nach dem Typus ω geordneten Menge von Transpositionen) zur ursprünglichen Anordnung (*) zurück, obwohl doch gewiß die Elemente in (**) nicht *der Reihe nach* den Elementen (*) zugeordnet sind.

Offenbar handelt es sich dabei um die Bedeutung des von mir oben durch Anführungszeichen hervorgehobenen Wörtchens ›schließlich‹. Der Beweis ist bindend nur dann, wenn dieses ›schließlich‹ heißt: ›durch *endlich viele* Transpositionen‹, damit aber ist auch klar geworden, daß es sich wieder um eine petitio principii handelt, denn der Begriff ›endlich viele‹ soll ja erst gewonnen werden.

Keineswegs soll durch diese Kritik der vom Verf. eingeschlagene Weg, der vom Begriffe der natürlichen Ordinalzahl zu dem der natürlichen Kardinalzahl führen soll, für ungangbar erklärt werden: dieser Weg ist gangbar, und sogar unschwer gangbar. Aber auch der umgekehrte Weg kann eingeschlagen werden, und dürfte, wie auch Pr. hervorhebt, mit der natürlichen Entwicklung des Zahlbegriffes besser übereinstimmen. Und nicht nur das: ganz im Gegensatze zu Pr. möchte ich diesen umgekehrten Weg auch für den logisch näherliegenden und befriedigenderen halten. Für den Mengentheoretiker ist der Kardinalzahlbegriff (die Mächtigkeit), als das gegenüber *beliebiger* eineindeutiger Abbildung invariante Merkmal einer Menge, der einfachere Begriff als die Ordinalzahl (der Ordnungstypus), die das nur gegenüber eineindeutiger *und ähnlicher* Abbildung invariante Merkmal einer einfach geordneten Menge ist.[9] Wenn dem gegenüber Herr Pr. ›es für ein wenig aussichtsreiches Unternehmen‹ hält, ›auf der Grundlage des *Anzahl*begriffes zu einer befriedigenden Ausgestaltung der Lehre von den reellen Zahlen zu gelangen‹ und noch hinzufügt, ›neuere, zum Teil äußerst verkünstelte Versuche dieser

---

9 Die symbolische Logik unterscheidet nicht zwischen dem für alle Dinge einer Klasse charakteristischen Merkmale und dieser Klasse selbst. Und da sie die Worte »Menge« und »Klasse« synonym verwendet, so definierte sie einfach: Mächtigkeit der Klasse $\mathfrak{A}$ ist die Klasse aller zu $\mathfrak{A}$ äquivalenten Klassen. Diese Definition wurde verlassen, weil sich der Begriff der Klasse aller zu $\mathfrak{A}$ äquivalenten Klassen als widerspruchsvoll erwies. Ich glaube, daß sich diese Definition durch eine geringe Modifikation halten läßt. Man gehe aus von einem als gegeben angenommenen Bereich $\mathfrak{B}$ von Dingen. Zusammenfassungen dieser Dinge bezeichne man als Mengen, und statuiere den logischen Grundsatz: keine Menge ist ein Ding von $\mathfrak{B}$. Nun erweitere man den Bereich $\mathfrak{B}$ zu $\mathfrak{B}'$ durch Hinzufügung der Mengen als uneigentlicher Dinge. Man kann nun Mengen aus Dingen von $\mathfrak{B}'$ bilden, nennen wir sie »Mengen zweiter Stufe« und zum Unterschiede die bisherigen Mengen »Mengen erster Stufe«. Die Definition der Mächtigkeit hat dann zu lauten: Mächtigkeit der Menge erster Stufe $\mathfrak{A}$ ist die Menge zweiter Stufe aller zu $\mathfrak{A}$ äquivalenten Mengen erster Stufe. Dabei treten, so viel ich sehe, Widersprüche nicht mehr auf. Vgl. M. Pasch, Grundlagen der Analysis, S. 94.

Art‹ hätten seine Ansicht nur in vollstem Maße bestätigt, so möchte ich mir doch gestatten, mit knappen Worten anzudeuten, wie mir eine solche Theorie durchaus naturgemäß durchführbar erscheint.[10]

Man definiere zunächst (rein logisch) die *Einheitsmengen* durch die Eigenschaft: ist a Element von M, und b Element von M, so ist a mit b identisch. Die Kardinalzahl 1 werde nun definiert als die Mächtigkeit der Einheitsmengen. Man definiere sodann, wenn α die Mächtigkeit irgend einer Menge $\mathfrak{A}$ bedeutet, $\alpha + 1$ als die Mächtigkeit der Vereinigungsmenge von $\mathfrak{A}$ mit einer zu $\mathfrak{A}$ fremden Einheitsmenge; und man definiere schließlich die endlichen (oder natürlichen) Kardinalzahlen als diejenigen Mächtigkeiten, die in jeder Menge vorkommen, die die Zahl 1 enthält, und neben jeder in ihr enthaltenen Mächtigkeit α auch die Mächtigkeit $\alpha + 1$ enthält. Man hat damit die vollständige Induktion zur Verfügung, und beweist mit ihrer Hilfe leicht: eine Menge, deren Mächtigkeit die endliche Kardinalzahl n ist, kann nur nach einem einzigen Ordnungstypus einfach geordnet werden. Diese so den endlichen Kardinalzahlen eindeutig zugeordneten Ordnungstypen sind die endlichen (natürlichen) Ordinalzahlen. Ich kann nicht finden, daß dieser Gedankengang irgend etwas Gekünsteltes an sich habe. Er scheint mir im Gegenteil geradezu die reinlich logische Einkleidung der anschaulichen, aber unpräzisen Vorstellungen, die wohl jedermann naiverweise mit den Begriffen der endlichen Kardinalzahl und Ordinalzahl verknüpft.

Wir haben uns nun eingehend mit den Gedankengängen auseinandergesetzt, durch die Pr. die natürlichen Zahlen einführt, weil wir hier ziemlich weitgehende Verschiedenheiten zwischen den Anschauungen des Verf. und den eigenen feststellen mußten. Nehmen wir aber einmal das feste Fundament der natürlichen Zahl für den weiteren Aufbau als gewonnen an, so können wir zu den nun folgenden Entwicklungen fast durchweg rückhaltlose Zustimmung äußern. Die wenigen Punkte, in denen wir uns dem Verf. nicht völlig anschließen können, betreffen einzelne Fragen methodischer Natur, von denen hier nur eine einzige schärfer ins Auge gefaßt werde: das sogenannte *Prinzip der Permanenz*. Hören wir, was der Verf. darüber im Vorworte (S. VII) sagt. Er spricht von der Einführung der Brüche, der Null und der negati-

---

10 Vgl. B. Russell, The principles of mathematics, S. 128.

ven Zahlen und fährt sodann fort: ›Für die Feststellung, wie diese neuen Zahlen zu *ordnen* bzw. in die Folge der schon vorhandenen *einzuordnen* sind, und wie mit ihnen *gerechnet* werden muß, dient das gewöhnlich nach dem Vorgange von Haukel (nicht besonders glücklich) als Prinzip der ›Permanenz‹ formaler Gesetze bezeichnete *Übertragungsprinzip*, und zwar in einer nach meinem Dafürhalten merklich verbesserten Form, welche ihm den Charakter einer gewissen logischen Notwendigkeit verleiht. Es werden nämlich allemal *neue Zahlzeichen* in solchem Umfange eingeführt, daß eine Teilmenge derselben lediglich Zeichen für *bereits vorhandene* Zahlen vorstellt. Für diese letzteren bestehen also schon ganz bestimmte, auf die Feststellung ihrer Sukzession und die Definition der Rechnungsoperationen bezügliche Regeln, die sich ohne weiteres in die neuen Bezeichnungen *um*schreiben lassen. Soll dann in der Handhabung des gesamten neu geschaffenen Zeichenvorrats nicht eine vollständige Verwirrung eintreten, so bleibt kaum etwas andres übrig, als jene für einen Teil derselben bereits zu Recht bestehenden Regeln definitionsweise auf die Gesamtheit auszudehnen und diesen Schritt durch den Nachweis zu legitimieren, daß die so getroffenen Festsetzungen den an sie zu stellenden Anforderungen widerspruchslos genügen.‹

Wir müssen, um zu diesen Ausführungen Stellung nehmen zu können, einige Worte über das *Prinzip der Permanenz* vorausschicken. Kann dieses Prinzip irgendwie präzise formuliert werden? H. Schubert hat in der Encyklopädie der mathematischen Wissenschaften (I, 1, S. 11) einen solchen Versuch gemacht, doch hat Peano in überzeugender Weise dargetan, daß dieser Versuch mißlungen ist[11]: nach Schubert verlangt das Prinzip der Permanenz, die Erweiterungen des Zahlengebietes seien so vorzunehmen, ›daß für die Zahlen im erweiterten Sinne *dieselben* Sätze gelten, wie für die Zahlen im noch nicht erweiterten Sinne‹. Diese Forderung aber ist *unerfüllbar*. Würden für die Zahlen im erweiterten Sinne wirklich dieselben Gesetze weiterbestehen, so wären sie von den Zahlen im noch nicht erweiterten Sinne logisch nicht unterscheidbar: es läge keine Erweiterung des Zahlgebietes vor. Daß also *alle* Sätze des ursprünglichen Zahlengebietes im erweiterten Gebiete fortbestehen, kann nicht verlangt werden; es darf

11 Rev. de math. 8 (1903).

nur verlangt werden, daß etwa die wichtigsten Sätze weiterbestehen. Was aber die wichtigsten Sätze sind, das liegt im Ermessen des einzelnen. Das Prinzip der Permanenz hat damit aufgehört, logischer Natur zu sein, es ist bestenfalls ein methodologischer Ratschlag geworden, der ein Moment der Willkür in sich enthält. Dieses Moment der *Willkür* wurde nun vielfach stark in den Vordergrund gerückt; man betonte geflissentlich, es seien willkürliche Festsetzungen, wenn bei Ausdehnung der Multiplikation auf negative Zahlen $(-1) \cdot (-1) = 1$ gesetzt werde, wenn man bei Ausdehnung des Potenzbegriffes $e^0 = 1$ setze. Erfahrungsgemäß lehnt sich dagegen der Intellekt der Lernenden auf; sie haben das Gefühl, daß an den ›Beweisen‹, die sie auf der Schule hatten, daß $(-1) \cdot (-1) = 1$ *ist*, daß $e^0 = 1$ *ist*, doch etwas dran sei. Und dies gibt einen Fingerzeig, daß mit Betonung der Willkür noch nicht alles geleistet sei, daß neben dem *willkürlichen* Momente auch ein *gesetzmäßiges* Moment mit in Frage kommt, das nun auch seinerseits reinlich herausgearbeitet werden muß. In diesem Sinne ist denn auch die Pringsheimsche Darstellung gehalten, und mit dieser Tendenz möchte ich mich rückhaltlos einverstanden erklären; nicht ganz aber mit der Art ihrer Durchführung. Es scheint mir, als hätte Herr Pr. selbst das Gefühl, es sei mit seiner Darstellung nicht das letzte Wort gesprochen: er beansprucht für sie, wie wir oben zitierten, nur den Charakter ›einer gewissen logischen Notwendigkeit‹, und daß hier dieses böse Wörtchen ›gewiß‹ notwendig wird, das liegt meines Erachtens daran, daß das willkürliche und das gesetzmäßige Moment, die bei den üblichen Erweiterungen des Zahlgebietes zusammenwirken, noch nicht so scharf getrennt sind, als es wohl möglich wäre. Wir wollen dies etwa an der Erweiterung des Gebietes der natürlichen Zahlen zu dem der positiven rationalen Zahlen erläutern. Der Gedankengang bei Pr. ist der folgende: Ein ›Bruch‹ $\frac{b}{a}$ soll, immer wenn b ein Vielfaches von a ist, $b = na$, nur als neues Zeichen für die natürliche Zahl n angesehen werden. Daraus ergibt sich der *Satz:* zwei solche ›uneigentliche‹ Brüche $\frac{b}{a}$ und $\frac{b'}{a'}$ sind gleich dann und nur dann, wenn:

$$(\text{o}) \qquad\qquad ba' = ab'.$$

Ebenso erhält man für solche uneigentliche Brüche Additions- und Multiplikationsregel als beweisbare Lehrsätze. Nun heißt es (S. 41): ›Während nun die uneigentlichen Brüche lediglich als andere Zeichen für die *natürlichen Zahlen* auftraten, so sind die *eigentlichen* Brüche[12] vollkommen *neue Zeichen*, die wir dadurch zu neuen *Zahl*zeichen machen wollen, daß wir ihre *Sukzession* innerhalb der Reihe der natürlichen Zahlen, ..., sodann die Grundoperationen der *Addition* und *Multiplikation* auf sie auszudehnen suchen – und zwar das alles auf die Weise, daß mit den bisherigen Festsetzungen und Rechnungsregeln keinerlei Widerspruch entsteht. Ist dieses Ziel überhaupt erreichbar, so ist die Möglichkeit eines Erfolges nur gegeben, wenn wir diejenigen Regeln, die im vorigen Paragraphen für die *uneigentlichen* Brüche als direkte *Folgerungen* der für natürliche Zahlen geltenden sich ergaben, nunmehr als entsprechende *Definitionen* für die Beziehungen der *eigentlichen* Brüche unter sich und in Verbindung mit *uneigentlichen* Brüchen einführen‹. Damit wäre nun in der Tat die ›gewisse logische Notwendigkeit‹ erreicht; wir hätten nun (wenn wir nicht auf die Erweiterung des Zahlgebietes überhaupt verzichten wollen) keine andre Wahl, als die Gleichheit zweier beliebiger Brüche durch (o) zu definieren, jede Willkür wäre ausgeschaltet.

So aber, möchte ich glauben, verhält sich die Sache nicht. Die Bedingungen für die Gleichheit zweier uneigentlicher Brüche kann mit demselben Rechte wie durch (o) auch ausgedrückt werden durch:

$$(\text{oo}) \qquad (ba' - ab')^2 + \left(r_a(b) - r_{a'}(b')\right)^2 = \text{o},$$

wo $r_a(b)$ (und analog $r_{a'}(b')$) den absolut kleinsten Rest von b modulo a bedeutet. Wäre es wahr, daß die Erweiterung des Zahlgebietes nur so vorgenommen werden *kann*, daß (o) weiter gilt, so würde das gleiche, mit demselben Rechte, für (oo) gelten. Das aber würde zu einer gänzlich verschiedenen Gleichheitsdefinition für die uneigentlichen Brüche führen. Es ist also offenbar nicht so, daß wir ohne weiteres schließen dürfen, durch (o) sei die einzig mögliche Gleichheitsdefinition auch für uneigentliche Brüche gegeben. Und wenn wir (o) gegenüber der durch (oo) gegebenen, und an und für sich ebenso möglichen Gleichheitsdefinition bevorzugen, so liegt dafür anscheinend kein logischer Zwang vor. Die Willkür scheint wieder Alleinherrscherin zu sein.[13]

---

12 Das sind diejenigen, in denen der Zähler nicht Vielfaches des Nenners ist.
13 Selbstverständlich ist der Begriff »Willkür« in dieser ganzen Erörterung in rein logischem Sinne, also lediglich als Gegensatz zum Begriffe »logische Notwendig-

Es sei uns nun noch gestattet, kurz eine Darstellung anzudeuten, die unsres Erachtens wirklich auseinanderhält, was Willkür und was logische Notwendigkeit ist, und jedem dieser beiden Momente sein volles Recht zuteil werden läßt.[14] Präzisieren wir zunächst die Aufgabe: es soll das System der natürlichen Zahlen durch Hinzufügung neuer ›Zahlen‹ so erweitert werden, daß im erweiterten Systeme die Multiplikation stets eindeutig umkehrbar wird. Unter ›Multiplikation‹ soll dabei eine stets ausführbare assoziative und kommutative Verknüpfung verstanden werden, die sich auf die bereits definierte Multiplikation der natürlichen Zahlen reduziert, wenn beide Faktoren gleich natürlichen Zahlen werden. Daß wir gerade das Fortbestehen dieser Eigenschaften der Multiplikation verlangen (und nicht z. B. auch das Fortbestehen der Ungleichung $a \cdot b \geqq b$), ist *willkürlich;* von nun an aber bleibt für eine Willkür kein Raum. Da nach Forderung im erweiterten System die Division stets ausführbar ist, muß darin der Quotient zweier natürlichen Zahlen $b \cdot a$ vorhanden sein;

wir bezeichnen ihn mit $\frac{b}{a}$, es ist also:

(1) $$\frac{b}{a} \cdot a = b.$$

Wann sind nun zwei Zeichen $\frac{b}{a}$, $\frac{b'}{a'}$ als gleich zu definieren? Ist

(2) $$\frac{b}{a} = \frac{b'}{a'},$$

so ist zufolge des Begriffes der eindeutigen Verknüpfung auch:

$$\frac{b}{a} \cdot (a \cdot a') = \frac{b'}{a'} \cdot (a \cdot a'),$$

also wegen des assoziativen und kommutativen Charakters der Multiplikation auch:

$$\left(\frac{b}{a} \cdot a\right) \cdot a' = \left(\frac{b'}{a'} \cdot a'\right) \cdot a$$

und somit wegen (1) auch:

(3) $$b \cdot a' = a \cdot b'.$$

keit« zu verstehen. Es kann sehr wohl sein, daß von mehreren Fällen, die logisch möglich sind, zwischen denen eine Auswahl also *logisch* willkürlich ist, aus Gründen der Durchführbarkeit oder Anwendbarkeit nur ein einziger Fall *praktisch* möglich ist.

14 In ganz derselben Weise ließe sich die allgemeine Theorie der Erweiterung eines Größensystems umgestalten, die von O. Stolz und J. A. Gmeiner in »Theoretische Arithmetik«, Dritter Abschnitt, 7 (S. 67), vorgetragen wird.

Ist umgekehrt (3) erfüllt, so folgt wegen

$$\frac{b}{a} \cdot (a \cdot a') = b \cdot a' \quad \text{und} \quad \frac{b'}{a'} \cdot (a \cdot a') = b' \cdot a$$

aus der geforderten Eindeutigkeit der Division auch (2). Wir haben also tatsächlich keine andre Wahl, als die Gleichheit zweier Brüche (2) durch (3) zu definieren.

Um nun zu erkennen, wie die Multiplikation zweier Brüche auszuführen ist, gehen wir aus von der aus den geforderten Eigenschaften der Multiplikation und aus (1) folgenden Beziehung:

$$\left(\frac{b}{a} \cdot \frac{b'}{a'}\right) \cdot (a \cdot a') = \left(\frac{b}{a} \cdot a\right) \cdot \left(\frac{b'}{a'} \cdot a'\right) = b \cdot b'.$$

Die geforderte eindeutige Ausführbarkeit der Division zeigt also, daß wir keine andre Wahl haben, als zu definieren:

$$\frac{b}{a} \cdot \frac{b'}{a'} = \frac{b \cdot b'}{a \cdot a'}.$$

Und nun können wir weiter *beweisen*, daß es eine und nur eine zur Multiplikation distributive Verknüpfung gibt, die, wenn beide verknüpften Brüche gleich natürlichen Zahlen werden, sich auf die Addition der natürlichen Zahlen reduziert. Verlangen wir also auch von der Addition der Brüche, sie solle distributiv sein (daß wir dies verlangen, ist wieder willkürlich), so müssen wir sie notwendig definieren durch:

$$\frac{b}{a} + \frac{b'}{a'} = \frac{a'b + ab'}{aa'}.$$

Durch diese kurze Entwicklung hoffe ich genügend deutlich gemacht zu haben, was mir an Pringsheims Darstellung der sukzessiven Erweiterungen des Zahlengebietes nicht ganz befriedigend erscheint, und nach welcher Richtung hin mir eine Vervollkommnung möglich scheint.

Noch zwei Fragen prinzipieller Natur möchte ich berühren, bevor ich mich einem kurzen Referate über den Inhalt des zu besprechenden Buches zuwende. Herr Pringsheim ist heute der hervorragendste Vertreter einer arithmetischen Schule, einer Schule, die in der Abweisung jedes geometrischen Elementes in der Analysis so weit geht, daß sie sogar auf die Hilfe der so suggestiven geometrischen *Terminologie* zur Erleichterung des Verständnisses ihrer Sätze und Beweise verzichtet. Niemand wird sich daher wundern, in Pr.s ›Vorlesungen‹ auch nicht eine Spur von Geometrie zu finden. Da diese ›Vorlesungen‹ nun wohl auf lange hinaus als der klassische Repräsentant dieser arithmetischen Richtung reinster Observanz werden zu gelten haben, so mag es wohl am Platze sein, in einer Besprechung dieses Werkes auch zur Frage der völligen Verbannung alles Geometrischen aus der Analysis Stellung zu nehmen.

Es ist allbekannt, wie im vergangenen Jahrhundert der große Prozeß der *Arithmetisierung* der Analysis einsetzte und großenteils durchgeführt wurde; man hatte lange Zeit in allzu naiver, allzu unkritischer Weise vermeintliche geometrische Evidenzen als Beweismittel benutzt, bis die infolgedessen auftretenden Unklarheiten und Fehler zu einer Umkehr zwangen. Die geometrische Anschauung wurde nun als Beweismittel für unzulässig erklärt, es wurde vollständige ›Arithmetisierung‹ verlangt. Dieses Schlagwort der Arithmetisierung scheint mir nun nicht glücklich, oder zumindest scheint es mir nicht das auszudrücken, was man heute verlangt. So wie es *geometrische* Evidenzen alogischer Natur gibt, die man dann als anschaulich bezeichnet, so gibt es zweifellos auch *arithmetische* Evidenzen alogischer Natur (es sei mir gestattet, auch diese als ›anschaulich‹ zu bezeichnen): so erkennen wir z. B. die kommutative Eigenschaft der Addition natürlicher Zahlen auch ohne logische Analyse mit voller Evidenz. Ohne weitere Begründung nun die geometrische Anschauung als Beweismittel ausschließen, die arithmetische Anschauung aber zulassen, scheint mir ein dogmatischer Willkürakt. Also nicht Arithmetisierung ist das Ideal, sondern *Logisierung,* und in dieser Form gilt die Forderung in gleicher Weise für Arithmetik, Analysis und Geometrie. Die Logisierung ist erreicht, wenn die ganze Disziplin aus einer Reihe von Grundbegriffen und Grundsätzen mit rein logischen Hilfsmitteln entwickelt wird, sie ist erst recht erreicht, wenn die Disziplin zu ihrer Entwicklung keiner anderen als der rein logischen Grundbegriffe und Grundsätze bedarf.

Mit welchem Rechte könnte nun, von einem rein logischen Standpunkte aus, die Analysis eine in diesem Sinne logisierte Geometrie ablehnen? Doch wohl nur dann, wenn diese Geometrie zu ihrem Aufbaue irgendwelcher Grundbegriffe oder Grundsätze bedürfte, deren die Analysis nicht bedarf. Ist dies nun der Fall? Offenbar nein! Dies ist evident, wenn man die Geometrie so begründet, wie dies E. Study in seinem Buche ›Die realistische Weltansicht und die Lehre vom Raume‹ tut[15], wo etwa der Punkt der Ebene als geordnetes Paar reeller Zahlen *definiert* wird; es ist aber nicht minder richtig bei sogenanntem axiomatischen Aufbau der Geometrie, wo die geometrischen Begriffe implizit definiert werden durch das System der ›Axiome‹[16], und nachträglich der Beweis für die Existenz und Einzigartigkeit dieser Begriffe durch Berufung auf die Analysis erbracht wird.[17] *Rein logisch* genommen scheint mir also die Verbannung aller Geometrie aus der Analysis nicht gerechtfertigt.

In der Tat scheint es sich dabei auch mehr um eine *psychologisch-didaktische* Frage zu handeln: man fürchtet, daß die Verwendung geometrischer Begriffe eine zu starke Verlockung zur (vielleicht unbewußten) Verwendung anschaulicher, alogischer Beweismittel mit sich bringen könnte. Daß eine solche Gefahr besteht, muß unbedingt zugegeben werden. Ob dieser Vorteil durch die, meinem Dafürhalten nach sehr bedeutenden Nachteile aufgewogen wird, die die asketische Fernhaltung von allem Geometrischen mit sich bringt, wird immer Ansichtssache bleiben. Ich halte diese Nachteile für so bedeutend, weil ich überzeugt bin, daß fast alle Fortschritte in den subtileren Teilen der Analysis, wie etwa der Lehre von den reellen Funktionen, zunächst, subjektiv, auf anschaulichem Wege gewonnen werden, daß also der Gebrauch der Anschauung ein unentbehrliches Forschungsmittel ist. Freilich nicht ein so roher und unkritischer Gebrauch wie der, durch den die Analysis seinerzeit in die Irre geleitet wurde, sondern ein durch die Erkenntnisse eines Jahrhunderts geläuterter und verfeinerter Gebrauch der Anschauung. Und dieses Forschungsmittel

15 Kap. v, S. 81 ff.
16 Diese »Axiome« sind also keineswegs »Grundsätze« in dem oben erwähnten Sinne, ebensowenig, wie etwa beim Studium der allgemeinsten assoziativen und kommutativen Verknüpfung in einem Größensystem (wie es z. B. bei Stolz-Gmeiner, Theoretische Arithmetik, 2. Aufl., S. 50 ff. betrieben wird) die Forderungen, die betrachtete Verknüpfung solle assoziativ und kommutativ sein, »Grundsätze« sind.
17 Für die Zwecke der Analysis wird wohl der zuerst genannten Auffassungsweise der Vorzug vor der axiomatischen zu geben sein, da diese, wenn auch nicht logisch, so doch methodologisch der Analysis gegenüber fremdartig ist, was bei jener nicht der Fall ist: wer sich weigern wollte, für den Begriff des geordneten Paares reeller Zahlen den Namen »Punkt« zuzulassen, müßte sich konsequenterweise auch weigern, für eine konvergente Folge rationaler Zahlen den eigenen Namen: »Reelle Zahl« zuzulassen.

weiter zu stärken und zu verfeinern, nicht es durch Beiseitestellung immer mehr verkümmern zu lassen, scheint mir – unbeschadet der unter allen Umständen unerbittlich zu fordernden logischen Strenge aller Beweisführung – eine wichtige Aufgabe des mathematischen Unterrichts, in mündlichen Vorlesungen wie in Lehrbüchern.

Dies wäre die erste prinzipielle Frage, zu der ich noch Stellung nehmen wollte. Die zweite ist die, betreffend freiwillige Beschränkung auf ›elementare Methoden‹. ›Und als leitenden Grundgedanken‹, so schreibt der Verf. im Vorworte, ›der mir in gleicher Weise bei Abfassung des arithmetischen, wie des funktionentheoretischen Teiles vorschwebte, möchte ich die Durchführung der Absicht bezeichnen, die *elementaren Methoden* nach Möglichkeit *auszunützen* bzw. weit genug *auszubilden*, um den Leser mit den modernen Verschärfungen und Vertiefungen der Begriffe und Fragestellungen vertraut machen zu können und ihn so nahe, wie es die Einfachheit der aufgewendeten Hilfsmittel irgend gestattet, an die Grenzen unsrer heutigen Erkenntnis heranzuführen‹. Ich habe mich schon oft vergeblich nach einer Begriffsbestimmung der ›elementaren‹ Methoden gefragt; ich hatte gehofft, sie in diesem Werke zu finden; doch wurde meine Hoffnung, wenigstens in den bisherigen Lieferungen, getäuscht. Es würde sich bei einer solchen Begriffsbestimmung natürlich nicht um eine bloße Aufzählung derjenigen Methoden handeln, die als elementar gelten sollen, sondern vielmehr um Angabe der Prinzipien, um derentwillen die eine Methode als elementare betrachtet wird, und somit verwendet werden darf, die andre aber, weil sie nicht elementar sei, von der Verwendung ausgeschlossen bleiben soll. Was z. B. ist der charakteristische Unterschied zwischen den Grenzprozessen, die im Begriffe der Potenzreihe und in dem des Integrales stecken, und der es bewirkt, daß jener das Fundament einer ›elementaren‹ Funktionentheorie abgeben kann, dieser aber nicht? Insolange aber ein solcher charakteristischer Unterschied zwischen elementaren und nicht elementaren Methoden nicht aufgestellt ist, werden sich wohl viele des Gefühles nicht erwehren können, daß in der freiwilligen Beschränkung auf elementare Methoden eine gewisse Willkür, man könnte fast sagen, eine Art von Selbstverstümmelung steckt, der zuliebe die Einfachheit auch nicht eines Beweises geopfert werden sollte. Freilich kann wieder andrerseits nicht geleugnet werden, daß durch Beschränkung in der Auswahl der Methoden eine gewisse ästhetische Wirkung erzielt, eine gewisse harmonische Einheitlichkeit erreicht wird, die gerade dem vorliegendem Werke in hohem Maße zu eigen ist. Und so möchten wir zu diesem Punkte nur den Wunsch äußern, es mögen die an den Terminus ›elementare Methoden‹ sich knüpfenden prinzipiellen Fragen bald völlig geklärt werden, wozu denn wohl niemand kompetenter wäre beizutragen als der hervorragendste und erfolgreichste Anhänger dieser elementaren Methoden: Herr Pringsheim selbst.

Die Krise der Anschauung*

Unter allen führenden Philosophen war wohl I. Kant derjenige, der der Anschauung die weittragendste Bedeutung in unserer Erkenntnis zuschrieb. Er ging aus von der gewiß zutreffenden Bemerkung, daß in unserer Erkenntnis zwei entgegengesetzte Momente sich aufs innigste durchdringen: ein passives Moment bloßer Rezeptivität und ein aktives Moment der Spontaneität; wir lesen in der »Kritik der reinen Vernunft« (und zwar zu Beginn des Abschnittes, der überschrieben ist: »Der transcendentalen Elementarlehre zweiter Teil. Die transcendentale Logik«): »Unsere Erkenntniss entspringt aus zwei Grundquellen des Gemüths, deren die erste ist, die Vorstellungen zu empfangen (die Receptivität der Eindrücke), die zweite das Vermögen, durch jene Vorstellungen einen Gegenstand zu erkennen (Spontaneität der Begriffe); durch die erstere wird uns ein Gegenstand gegeben, durch die zweite wird dieser im Verhältniss auf diese Vorstellung (als blosse Bestimmung des Gemüths) *gedacht*. Anschauung und Begriffe machen also die Elemente aller unserer Erkenntniss aus...«. Also: passiv verhalten wir uns, indem wir durch die Anschauung Vorstellungen in uns aufnehmen, aktiv, indem wir sie im Denken verarbeiten. Nach Kant sind nun in der Anschauung wieder zwei Bestandteile zu unterscheiden: ein der Erfahrung entstammender, empirischer, aposteriorischer Teil, der den *Inhalt* der Anschauung ausmacht: Farben, Töne, Gerüche, die Empfindungen des Tastsinnes, wie Härte, Weichheit, Rauhigkeit usw., und ein von aller Erfahrung unabhängiger, reiner, apriorischer Teil, der die *Form* der Anschauung ausmacht; und zwar haben wir zwei solche reine Anschauungsformen: den *Raum* als die Anschauungsform unseres *äußeren* Sinnes (vermittels dessen »wir uns Gegenstände als außer uns« vorstellen) und die *Zeit* als die Anschauungsform unseres *inneren* Sinnes, »vermittels dessen das Gemüth sich selbst oder seinen inneren Zustand anschaut«.

Diese reine Anschauung spielt nun nach Kants Auffassung eine äußerst wichtige Rolle in unserer Erkenntnis. Auf reine Anschauung (und nicht etwa auf das Denken) gründet sich seiner Meinung

---

* Zuerst erschienen in: *Krise und Neuaufbau in den exakten Wissenschaften*, Leipzig und Wien 1933.

nach die Mathematik: Die Geometrie, wie sie seit dem Altertum gelehrt wird, handelt von den Eigenschaften des uns in reiner Anschauung völlig exakt gegebenen Raumes; die Arithmetik (die Lehre von den reellen Zahlen) beruht auf der reinen, völlig exakten Anschauung der Zeit. Die reinen Anschauungsformen von Raum und Zeit bilden den apriorischen Rahmen, in den wir alle physikalischen Vorgänge, die uns die Erfahrung liefert, einordnen: jedes physikalische Ereignis hat seine ganze präzise, exakt feststehende Stelle in Raum und Zeit.

Wie plausibel diese Ansichten auch zunächst scheinen mögen und wie sehr sie auch dem Stande der Wissenschaft in den Tagen Kants entsprachen – durch den Weg, den die Wissenschaft seither genommen hat, wurden sie in ihren Grundfesten erschüttert.

Die physikalische Seite der Frage wurde schon in den beiden ersten Vorträgen behandelt, so daß ich mich da auf kurze Andeutungen beschränken kann. Die Ansichten Kants über die Stellung von Raum und Zeit in der Physik entsprechen der Newtonschen Physik, die ja in den Tagen Kants alleinherrschend war und bis in die neueste Zeit alleinherrschend geblieben ist. Einen ersten gewaltigen Stoß erhielt diese Auffassung durch Einsteins Relativitätstheorie: Nach der Kantschen Auffassung haben Raum und Zeit nichts miteinander zu tun; sie entstammen ja auch ganz verschiedenen Quellen: der Raum ist die Anschauungsform des äußeren, die Zeit die des inneren Sinnes; wir haben einen absolut ruhenden Raum und eine von ihm unabhängig dahinfließende absolute Zeit. Die Relativitätstheorie hingegen lehrt: es gibt keinen absoluten Raum und keine absolute Zeit; absolute physikalische Bedeutung hat nur eine Union von Raum und Zeit, die »Welt«.

Einen viel schlimmeren Stoß aber erhielt Kants Auffassung von Raum und Zeit als apriorische Anschauungsformen durch die neueste Entwicklung der Physik. Wir sagten schon, daß nach jener Auffassung jedes physikalische Ereignis seine exakt feststehende Stelle in Raum und Zeit hat. Eine gewisse Schwierigkeit war da immer vorhanden: wir kennen die physikalischen Ereignisse nur durch die Erfahrung, und alle Erfahrung ist unpräzise, jede Beobachtung ist mit Beobachtungsfehlern behaftet; nach dieser alten Auffassung wäre es also so, daß zwar jedes physikalische Ereignis seine exakte Stelle in Raum und Zeit *hat*, daß es uns aber prinzipiell unmöglich ist, diese exakte Stelle *kennenzuler-*

nen. Darin steckt zweifellos eine gewisse Unstimmigkeit. Betrachten wir etwa ein Kreidestück; sobald eine Längeneinheit gewählt ist, wird der Abstand zweier Punkte dieses Kreidestückes durch eine ganz präzise reelle Zahl gemessen; denken wir uns für je zwei Punkte des Kreidestückes den Abstand gebildet und nennen den größten aller dieser Abstände den »Durchmesser« des Kreidestückes; bei der Auffassung, daß dieses Kreidestück einen exakt feststehenden Teil des uns in präziser Anschauung gegebenen Raumes einnimmt, wäre nun die Frage: »Ist der Durchmesser dieses Kreidestückes rational oder irrational?« durchaus sinnvoll – aber sie könnte niemals beantwortet werden, denn der Unterschied zwischen rational und irrational ist viel zu fein, als daß er jemals durch Beobachtung festgestellt werden könnte; es gibt also bei dieser Auffassung sinnvolle Fragen, die prinzipiell unbeantwortbar sind, d. h. diese Auffassung ist *metaphysisch*.

Man hat diese Schwierigkeit früher nicht recht ernst genommen; man argumentierte etwa so: wenn auch jede einzelne Beobachtung ungenau, mit Beobachtungsfehlern behaftet ist, so werden doch unsere Beobachtungsmittel immer feiner und feiner; denken wir uns nun ein und dieselbe physikalische Größe immer erneut, durch immer feinere Beobachtungsmittel gemessen, so werden die so ermittelten Werte, deren jeder einzelne unexakt ist, sich unbeschränkt einem ganz bestimmten Grenzwerte annähern, und dieser Grenzwert ist dann der exakte Wert der betreffenden physikalischen Größe. So unbefriedigend diese Argumentation vom philosophischen Standpunkte ist – die neueste Entwicklung der Physik scheint darzutun, daß sie auch aus rein physikalischen Gründen unhaltbar ist: es scheint, daß aus rein physikalischen Gründen die Lokalisation eines Ereignisses in Raum und Zeit nicht mit unbeschränkter Annäherung erfolgen kann; es scheint, daß da aus rein physikalischen Gründen gewisse Genauigkeitsschranken nicht überschritten werden können.[1] Es bleibt also dabei: die Lehre von der exakten Lokalisation der physikalischen Ereignisse in Raum und Zeit ist metaphysisch und somit bedeutungsleer. So erschütternd nun die neueste revolutionäre Entwicklung der Physik auf die meisten auf dogmatisch-metaphysische Lehrmeinungen festgelegten Menschen – einschließlich der meisten Physiker – wirken mußte: für den an empiristischer

[1] Näheres hierüber bei W. Heisenberg, Die physikalischen Prinzipien der Quantentheorie, Leipzig, Hirzel 1930. Vgl. auch S. 34 dieses Buches.

Philosophie geschulten Denker hat sie nichts Paradoxes; sie erscheint ihm sofort vertraut und er heißt sie willkommen als einen gewaltigen Schritt nach vorwärts auf dem Wege der »Physikalisierung« der Physik, ihrer Säuberung von metaphysischen Elementen.

Nach diesen knappen Andeutungen über die physikalische Seite der Frage wenden wir uns nunmehr dem Gebiete der Mathematik zu, wo der Widerstand gegen Kants Lehre von der reinen Anschauung erheblich früher einsetzte als auf dem Gebiete der Physik: Ich will also von jetzt ab ausschließlich über das Thema »*Mathematik und Anschauung*« sprechen; und auch da will ich einen ebenso wichtigen als schwierigen Fragenkomplex, mit dem Herr Menger im letzten Vortrage dieses Zyklus sich noch beschäftigen wird, gänzlich beiseite lassen: ich werde nicht sprechen von der heftigen und erfolgreichen Opposition gegen Kants These, daß auch die Arithmetik, die Lehre von den Zahlen, auf reiner Anschauung beruht – eine Opposition, die unlösbar verknüpft ist mit dem Namen Bertrand Russell, und die es sich zum Ziel gesetzt hat, darzutun, daß ganz im Gegensatz zu Kants These die Arithmetik durchaus der Domäne des *Denkens*, der Logik angehört.[2] Ich enge also mein Thema weiter ein auf: »*Geometrie und Anschauung*«, und will versuchen, zu zeigen, wie es dazu kam, daß auch auf dem Gebiet der Geometrie, die doch zunächst die ureigenste Domäne der Anschauung zu sein scheint, das Vertrauen zur Anschauung erschüttert wurde, so daß sie immer mehr in Mißkredit kam und schließlich auch aus der Geometrie völlig verbannt wurde.

Eines der erregenden Momente für diese Entwicklung war die Entdeckung, daß es, in offenbarem Gegensatz zu dem, was man anschauungsmäßig als sicher angenommen hatte, Kurven gibt, die in keinem Punkte eine Tangente besitzen, oder – was, wie wir sehen werden, auf dasselbe hinauskommt – daß Bewegungen eines Punktes denkbar sind, bei denen der bewegte Punkt in keinem Augenblick eine bestimmte Geschwindigkeit aufweist. Es erregte bei den Mathematikern gewaltigen Eindruck, als der große Berliner Mathematiker C. Weierstrass im Jahre 1861 diese

---

2 Das Hauptwerk in dieser Richtung ist: Whitehead-Russell, Principia mathematica, Cambridge, University Press 1910-1913 (zweite Aufl. 1925). Populärere Darstellung: B. Russell, Einführung in die mathematische Philosophie, München, Drei-Masken-Verlag 1923.

Entdeckung bekanntmachte – heute wissen wir, aus Manuskripten, die in der Wiener Nationalbibliothek aufbewahrt werden, daß diese Tatsache dem österreichischen Philosophen, Theo-
logen und Mathematiker B. Bolzano schon erheblich früher
bekannt war. Da es sich dabei um Fragen dreht, die unmittelbar
die Grundlagen der von Newton und Leibniz entwickelten *Differentialrechnung* betreffen, so muß ich zunächst einige Worte über
die fundamentalen Begriffsbildungen dieser Disziplin vorausschicken.[3]

Fig. 1

Newton ging aus vom Begriffe der *Geschwindigkeit*. Man denke
sich einen Punkt, der sich auf einer geraden Linie bewegt, etwa
auf der in Fig. 1 gezeichneten Geraden; im Augenblicke t befinde
sich der bewegte Punkt etwa an der Stelle q. Was hat man nun
unter der Geschwindigkeit des bewegten Punktes in diesem
Augenblicke t zu verstehen? Stellt man die Lage des bewegten
Punktes in einem zweiten Augenblicke t' fest (er befinde sich in
diesem zweiten Augenblicke etwa an der Stelle q'), so kennt man
den Weg qq', den er in der zwischen den Augenblicken t und t'
verflossenen Zeitspanne zurückgelegt hat. Dividiert man den
zurückgelegten Weg qq' durch die Länge der zwischen den
Augenblicken t und t' verflossenen Zeitspanne, so erhält man die
sogenannte »mittlere Geschwindigkeit« des bewegten Punktes
zwischen den Augenblicken t und t'. Diese »mittlere« Geschwindigkeit ist keineswegs die Geschwindigkeit im Augenblicke t
selbst (sie kann z. B. sehr groß ausfallen, obwohl die Geschwindigkeit im Augenblicke t sehr gering war – wenn nur der Punkt
sich während des größeren Teiles der betrachteten Zeitspanne

3 In größerer Ausführlichkeit findet man die folgenden Darlegungen über die
Begriffe »Geschwindigkeit« und »Steigung« in Hahn-Tietze, Einführung in die
Elemente der höheren Mathematik, Leipzig, Hirzel 1925, S. 153 ff., S. 190 ff.

sehr rasch bewegt); aber, wenn nur der zweite Augenblick t' entsprechend nahe am ersten Augenblicke t gewählt wurde, so wird doch diese mittlere Geschwindigkeit zwischen den Augenblicken t und t' eine gute Annäherung an die Geschwindigkeit im Augenblicke t selbst liefern, und zwar eine um so bessere, je näher der Augenblick t' am Augenblicke t gewählt war. Newtons Erwägung ist nun etwa die: denkt man sich den Augenblick t' immer näher und näher am Augenblicke t gewählt, so wird die mittlere Geschwindigkeit zwischen den Augenblicken t und t' sich unbeschränkt einem ganz bestimmten Werte annähern, sie wird – wie das in der Mathematik ausgedrückt wird – einem bestimmten Grenzwerte zustreben, und dieser Grenzwert ist das, was man die »Geschwindigkeit des bewegten Punktes im Augenblicke t« nennt. Also: Geschwindigkeit im Augenblicke t ist der Grenzwert, dem die mittlere Geschwindigkeit zwischen den Augenblicken t und t' zustrebt, wenn der Augenblick t' unbegrenzt dem Augenblicke t angenähert wird.

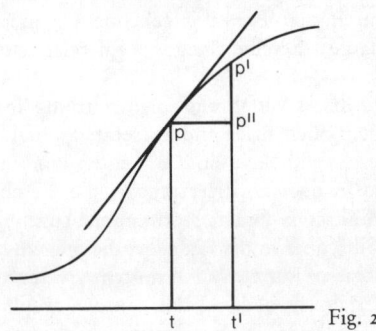

Fig. 2

Leibniz ging vom sogenannten *Tangentenproblem* aus. Denken wir uns eine Kurve gegeben (Fig. 2) und fragen wir, welche Steigung sie in einem ihrer Punkte, etwa im Punkte p, gegen die Horizontale aufweist. Wir wählen auf der Kurve einen zweiten Punkt p' und bilden auch hier wieder zunächst die »mittlere Steigung« der Kurve zwischen den Punkten p und p', die man erhält, indem man die bei Durchlaufung des Kurvenstückes von p nach p' gewonnene Höhe (in Fig. 2 gegeben durch die Strecke p'' p') dividiert durch die Horizontalprojektion des zurückgelegten Weges (in Fig. 2 gegeben durch die Strecke p p'', die angibt, um

91

wieviel man bei Durchlaufung des Kurvenstückes von p nach p' in horizontaler Richtung weitergekommen ist). Diese mittlere Steigung der Kurve zwischen den Punkten p und p' ist nun zwar nicht identisch mit ihrer Steigung im Punkte p selbst (im Falle der Fig. 2 ist ersichtlich die Steigung im Punkte p größer als die mittlere Steigung zwischen p und p'), aber sie wird doch eine gute Annäherung an die Steigung der Kurve im Punkte p selbst liefern, wenn nur der Punkt p' entsprechend nahe am Punkte p gewählt war; und diese Annäherung wird um so besser sein, je näher p' an p gewählt wird. Und nun heißt es wieder: Nähert man insbesondere den Punkt p' unbegrenzt dem Punkte p an, so wird die mittlere Steigung der Kurve zwischen den Punkten p und p' einem bestimmten Grenzwerte zustreben, und dieser Grenzwert ist das, was man als die »Steigung der Kurve im Punkte p« bezeichnet. Also: Steigung im Punkte p ist der Grenzwert, dem die mittlere Steigung zwischen den Punkten p und p' zustrebt, wenn der Punkt p' unbegrenzt dem Punkte p angenähert wird. Als »Tangente unserer Kurve im Punkte p« bezeichnet man nun diejenige durch den Punkt p gehende Gerade, die (in ihrem ganzen Verlaufe) dieselbe Steigung aufweist wie die Kurve im Punkte p.

Die Analogie dieses Verfahrens zur Ermittlung der Steigung einer Kurve mit dem oben auseinandergesetzten Verfahren zur Ermittlung der Geschwindigkeit eines bewegten Punktes springt in die Augen. Und in der Tat, die Aufgabe, die Geschwindigkeit des bewegten Punktes in einem bestimmten Augenblicke zu ermitteln, geht völlig über in die Aufgabe, die Steigung einer Kurve in einem gegebenen Punkte zu ermitteln, wenn man sich eines einfachen Verfahrens bedient, das von den graphischen Fahrplänen der Eisenbahnen her wohl ziemlich allgemein bekannt ist; man trage auf einer horizontalen Geraden (der »Zeitachse«) die Werte der Zeit ein, so daß jeder Punkt dieser Geraden einen bestimmten Zeitpunkt repräsentiert, und auf der Geraden der Fig. 1, auf der der betrachtete Punkt sich bewegt, fixiere man – ganz nach Belieben – irgendeinen Punkt o; befindet sich der bewegte Punkt im Augenblicke t an der Stelle q, so trage man (vgl. Fig. 2) in dem den Augenblick t repräsentierenden Punkte der Zeitachse senkrecht zu dieser Zeitachse die Strecke $o\,q$ ab; der Punkt p, zu dem man so gelangt, repräsentiert dann in Fig. 2 die Lage des bewegten Punktes im Augenblicke t; denkt man sich das für jeden einzelnen Augenblick durchgeführt, so erhält man als Darstellung der Bewegung unseres Punktes eine Kurve (die »Zeit-Weg-Kurve« des bewegten Punktes), aus der man alle Einzelheiten der Bewegung dieses Punktes ebenso entnehmen kann wie bei einem Eisenbahnzuge aus seinem graphischen Fahrplane. Offenbar ist nun die mittlere Steigung der Zeit-Weg-Kurve zwischen den Punkten p und p' identisch mit der mittleren Geschwindigkeit des bewegten Punktes zwischen den Augenblicken t und t', und daher die Steigung der Zeit-Weg-Kurve im Punkte p identisch mit der Geschwindigkeit des bewegten Punktes im Augenblicke t. Das ist der einfache Zusammenhang zwischen Geschwindigkeitsproblem und Tangentenproblem; diese beiden Probleme sind also begrifflich nicht voneinander verschieden. Die *Grundaufgabe der Differentialrechnung* ist nun diese: Es sei die Bahn eines bewegten Punktes bekannt; daraus ist seine Geschwindigkeit in jedem Augenblicke zu berechnen – oder: es sei eine Kurve gegeben; in jedem ihrer Punkte ist ihre Steigung zu berechnen (in jedem ihrer Punkte ist ihre Tangente zu finden). Wir halten uns im folgenden an das Tangentenproblem. Alles, was wir über das Tangentenproblem auseinandersetzen werden, überträgt sich nach dem Gesagten ohne weiteres auf das Geschwindigkeitsproblem.

Wir sagten: Wird der Punkt p' auf der betrachteten Kurve unbeschränkt dem Punkte p angenähert, so wird die mittlere Steigung der Kurve zwischen p und p' unbeschränkt einem Grenzwerte zustreben, der dann die Steigung der Kurve im Punkte p selbst angibt. Ist es denn aber sicher wahr, daß die

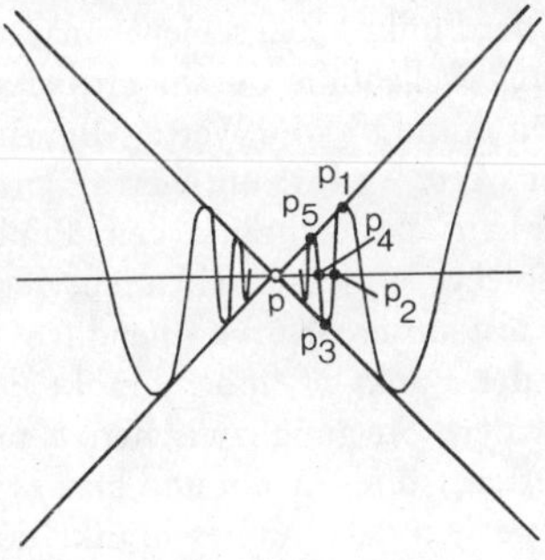

Fig. 3

mittlere Steigung zwischen p und p' einem bestimmten Grenzwerte zustrebt, wenn der Punkt p' unbeschränkt an den Punkt p
angenähert wird? Bei all den Kurven, mit denen man sich seit
altersher üblicherweise beschäftigte, wie Kreisen, Ellipsen, Hy-
perbeln, Parabeln, Zykloiden usw., ist es, wie die Rechnung zeigt,
tatsächlich der Fall; aber es ist nicht bei *jeder* Kurve der Fall, wie
wir an einem verhältnismäßig einfachen Beispiele sehen können.
Man betrachte die in Fig. 3 angedeutete Kurve. Sie ist eine
Wellenlinie, die in der Nähe des Punktes p unendlich viele Wellen
aufweist; Wellenlänge wie Amplitude der einzelnen Wellen nehmen bei Annäherung an den Punkt p unbeschränkt ab. Wir
wollen versuchen, nach dem oben angegebenen Verfahren die
Steigung dieser Kurve im Punkte p zu ermitteln. Wir nehmen also
auf der Kurve einen zweiten Punkt p' an und bilden ihre mittlere
Steigung zwischen p und p'; legen wir den Punkt p' in den Punkt
p_1 (Fig. 3), so fällt die mittlere Steigung zwischen p und p_1 gleich 1
aus. Lassen wir den Punkt p' auf der Kurve gegen den Punkt p
heranrücken, so nimmt, wie man sieht, die mittlere Steigung
zunächst ab; wenn der Punkt p' in p_2 angekommen ist, so ist die
mittlere Steigung (zwischen p und p_2) gleich 0 geworden; rückt
der Punkt p' auf der Kurve weiter gegen p, so nimmt die mittlere
Steigung zwischen p und p' weiter ab, sie wird negativ (wir haben
ein mittleres »Gefälle«) und sinkt bis zum Werte -1, wenn der
Punkt p' bis p_3 rückt; rückt p' weiter gegen p, so beginnt die
mittlere Steigung wieder zu wachsen, sie erreicht wieder den
Wert 0, wenn p' bis nach p_4 rückt, wächst durch positive Werte
weiter und wird wieder gleich 1, wenn p' in p_5 angekommen ist.
Rückt p' auf der Kurve weiter gegen p, so geht dasselbe Spiel nun
wieder an: wenn der Punkt p' bei seiner Annäherung gegen p eine
volle Welle unserer Wellenlinie durchläuft, so sinkt die mittlere
Steigung zwischen p und p' vom Werte 1 bis zum Werte -1, um
dann wieder vom Werte -1 bis zum Werte 1 anzusteigen. Nähert
sich nun der Punkt p' unbeschränkt dem Punkte p, so muß er
unendlich viele solcher Wellen durchlaufen, denn auf jeder Seite
des Punktes p weist unsere Kurve unendlich viele Wellen auf;
nähert sich also der Punkt p' unbeschränkt dem Punkte p, so
schwankt die mittlere Steigung zwischen p und p' unablässig
zwischen den Werten 1 und -1 hin und her: es kann keine Rede
davon sein, daß sie sich dabei unbeschränkt einem bestimmtten
Grenzwerte nähert; es kann also auch nicht von einer bestimmten

Steigung unserer Kurve im Punkte p die Rede sein; diese Kurve hat daher auch im Punkte p keine bestimmte Tangente.

Dieses relativ einfache, der Anschauung gut zugängliche Beispiel zeigt also, daß eine Kurve nicht in jedem ihrer Punkte eine Tangente zu haben braucht; darüber kann kein Zweifel bestehen. Aber man war früher der Meinung, daß die Anschauung zwingend dartue, daß ein solcher Mangel doch nur in vereinzelten Ausnahmepunkten einer Kurve eintreten kann, keineswegs aber in *allen* Punkten einer Kurve; man war der Meinung, man könne aus der Anschauung mit voller Sicherheit entnehmen, daß eine Kurve – wenn schon nicht in allen – so doch in der überwiegenden Mehrzahl ihrer Punkte eine bestimmte Steigung aufweisen, eine bestimmte Tangente besitzen muß. Der Mathematiker und Physiker Ampère, dessen Verdienste in der Lehre von der Elektrizität allgemein bekannt sind, hat versucht, es zu beweisen, aber sein Beweis war falsch. Und groß war die Überraschung, als Weierstrass eine Kurve bekanntmachte, die in keinem einzigen Punkte eine bestimmte Steigung, eine bestimmte Tangente besitzt. Weierstrass kam zu einer solchen Kurve durch schwierige Rechnungen; ich kann nicht daran denken, diese Rechnungen hier vorzuführen. Wir können aber heute auf viel einfacherem Wege zu diesem Ziele gelangen, und ich will versuchen, einen solchen Weg hier wenigstens andeutungsweise vorzuführen.[4]

Wir gehen aus von der einfachen in Fig. 4 dargestellten Linie, die aus einer ansteigenden und einer abfallenden Strecke zusammengesetzt ist. Die ansteigende Strecke ersetzen wir, wie es Fig. 5

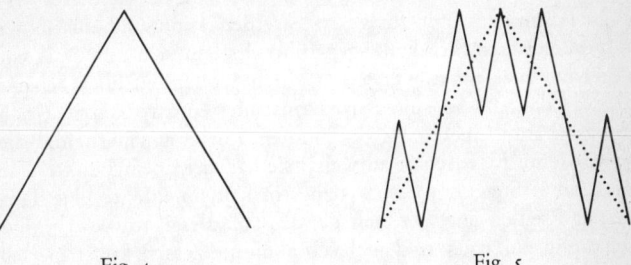

Fig. 4   Fig. 5

4 Präzise mathematische Darstellungen des Folgenden: H. Hahn, Jahresber. d. Deutschen Math.-Ver. 26 (1918), S. 281. L. Bieberbach, Differential- und Integralrechnung I. Leipzig, Teubner 1917, S. 104.

zeigt, durch einen aus sechs Strecken zusammengesetzten Strekkenzug, der erst bis zur halben Höhe ansteigt, dann wieder ganz herabsinkt, dann neuerdings bis zur halben Höhe ansteigt, dann weiter steigt bis zur vollen Höhe, wieder bis zur halben Höhe zurücksinkt, schließlich wieder zur vollen Höhe ansteigt; ebenso ersetzen wir die abfallende Strecke von Fig. 4 durch einen aus sechs Strecken zusammengesetzten Streckenzug, der von der vollen Höhe bis zur halben Höhe sinkt, zur vollen Höhe zurücksteigt, wieder zur halben Höhe herabsinkt, weiter ganz herabsinkt, sich wieder zu halber Höhe erhebt, um schließlich wieder ganz herabzusinken. Von dem aus zwölf Strecken zusammengesetzten Streckenzug der Fig. 5, den wir so erhalten, gehen wir

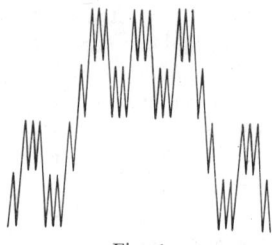

Fig. 6

über zu dem aus 72 Strecken zusammengesetzten Streckenzug der Fig. 6, indem wir, analog wie beim Übergang von Fig. 4 zu Fig. 5, jede Strecke der Fig. 5 ersetzen durch einen aus sechs Strecken zusammengesetzten Streckenzug, und man sieht, wie dieses Verfahren immer weiter fortgesetzt werden kann und zu immer komplizierteren Streckenzügen führt. Es läßt sich nun (was wir natürlich hier nicht weiter ausführen wollen) in aller Schärfe zeigen, daß die so sukzessive konstruierten Streckenzüge sich unbeschränkt einer ganz bestimmten Kurve annähern, die die gewünschte Eigenschaft aufweist: sie hat in keinem Punkte eine bestimmte Steigung, besitzt daher in keinem Punkte eine Tangente. Freilich entzieht sich der Verlauf dieser Kurve der Anschauung durchaus; und auch schon die sukzessive konstruierten Streckenzüge werden nach wenigen Schritten des Verfahrens so fein, daß die Anschauung nicht mehr recht folgen kann; bei der Kurve, der sich diese Streckenzüge unbeschränkt annähern, versagt sie jedenfalls gänzlich; nur das Denken, die logische Analyse kann bis zu dieser Kurve vorstoßen. Und wir sehen: hätte man sich in dieser Frage auf die Anschauung verlassen, so wäre man in Irrtum verharrt, denn die Anschauung schien zwingend darzutun, daß es Kurven, die in keinem Punkte eine Tangente haben, nicht geben kann.

Dieses erste Beispiel für das Versagen der Anschauung haben wir den Grundlagen der Differentialrechnung entnommen; ein zweites könnten wir den Grundlagen der *Integralrechnung* entnehmen. Die Grundaufgabe der Differentialrechnung war: bei gegebener Bahn eines bewegten Punktes seine Geschwindigkeit zu berechnen, bei gegebener Kurve ihre Steigung zu berechnen; die Grundaufgabe der Integralrechnung ist gerade die umgekehrte: von einem bewegten Punkte sei in jedem Augenblicke die Geschwindigkeit bekannt, es ist seine Bahn zu berechnen – oder: von einer Kurve sei überall die Steigung bekannt, es ist die Kurve selbst zu berechnen. Diese Aufgabe aber hat nur dann einen Sinn, wenn durch die Geschwindigkeit des bewegten Punktes seine Bahn, wenn durch die Steigung einer Kurve die Kurve selbst wirklich bestimmt ist. Wir stehen also vor der Frage, ob das der Fall ist oder nicht; präziser gesprochen: wir stehen vor der Frage: wenn zwei auf einer Geraden bewegliche Punkte sich im selben Augenblicke von derselben Stelle der Geraden aus in Bewegung setzen und in jedem Augenblicke übereinstimmende Geschwindigkeiten haben, müssen sie dann beisammen bleiben oder können sie auseinander geraten – bzw.: wenn zwei Kurven in einer Ebene vom selben Punkte ausgehen und immerzu übereinstimmende Steigung aufweisen, müssen sie sich dann in ihrem ganzen Verlaufe decken, oder kann sich die eine von beiden über die andere erheben? Die Anschauung scheint zwingend darzutun, daß die beiden bewegten Punkte immerzu beisammen bleiben müssen, daß die beiden Kurven sich in ihrem ganzen Verlaufe decken müssen; und doch lehrt die logische Analyse, daß es nicht notwendig so ist; für die üblicherweise in Betracht gezogenen Bewegungen, für die üblicherweise in Betracht gezogenen Kurven trifft es freilich zu; aber es sind gewisse recht komplizierte Bewegungen denkbar, es gibt gewisse recht komplizierte Kurven, für die es nicht zutrifft. Näher darauf einzugehen, fehlt uns der Raum[5]; wir müssen uns mit dem Hinweis begnügen, daß auch in

5 Es sei verwiesen auf H. Hahn, Monatshefte f. Math. u. Phys. 16 (1905), S. 161. Es

dieser Frage die scheinbare Sicherheit der Anschauung sich als trügerisch erweist.

Die beiden bisherigen Beispiele für das Versagen der Anschauung waren den der Differential- und Integralrechnung zugrunde liegenden Erwägungen entnommen, also einem immerhin schwierigeren Gebiete, das man ja gemeinhin schon durch die Bezeichnung »höhere Mathematik« von den elementareren Teilen der Mathematik abhebt. Es wird also von Bedeutung sein, zu zeigen, wie auch schon in den elementaren Teilen der Mathematik sich ein Versagen der Anschauung feststellen läßt.

Ganz an der Schwelle der Geometrie steht der Begriff der *Kurve*; jedermann glaubt, eine anschaulich klare Vorstellung davon zu haben, was eine Kurve ist, und seit altersher glaubte man, diese Vorstellung durch die Definition einfangen zu können: Kurven sind diejenigen geometrischen Gebilde, die durch Bewegung eines Punktes[6] erzeugt werden können. Aber siehe da! Im Jahre 1890 zeigte der (auch durch seine Forschungen über Logik hochverdiente) italienische Mathematiker Giuseppe Peano, daß zu den durch Bewegung eines Punktes erzeugbaren geometrischen Gebilden auch ganze Flächenstücke gehören: es ist z. B. eine Bewegung eines Punktes denkbar, bei der der bewegte Punkt in einer endlichen Zeitspanne sämtliche Punkte einer Quadratfläche durchläuft – und doch wird niemand eine volle Quadratfläche als eine Kurve ansehen wollen. Ich will versuchen, an der Hand einiger Figuren wenigstens eine angenäherte Vorstellung davon zu vermitteln, wie man zu einer solchen Bewegung eines Punktes gelangt.[7]

Man zerlege, wie Fig. 7 es zeigt, ein Quadrat in vier gleichgroße Teilquadrate, verbinde die Mittelpunkte dieser vier Teilquadrate durch einen Streckenzug und denke sich einen Punkt zunächst so bewegt, daß er in einer endlichen Zeitspanne – sagen wir: in der

handelt sich dabei um Bewegungen (bzw. Kurven), bei denen auch unendliche Werte der Geschwindigkeit (bzw. Steigung) auftreten.

6 Unter »Bewegung« wird eine *stetig* vor sich gehende Ortsveränderung verstanden, d. h. eine Ortsveränderung, bei der der bewegte Punkt in hinreichend wenig voneinander entfernten Augenblicken beliebig wenig verschiedene Lagen annimmt; ein so bewegter Punkt kann z. B. keine sprunghaften Ortsveränderungen erleiden.

7 Man findet ausführliche Darstellungen in: H. Hahn, Theorie der reellen Funktionen, Berlin, Springer 1921, S. 146; K. Menger, Kurventheorie, Leipzig, Teubner 1932, S. 10.

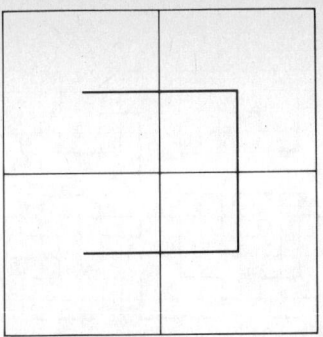

Fig. 7

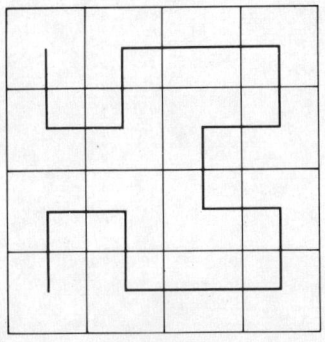

Fig. 8

Zeiteinheit – mit gleichförmiger Geschwindigkeit diesen Strekkenzug durchläuft. Sodann zerlege man (Fig. 8) jedes der vier Teilquadrate der Fig. 7 neuerdings in vier gleichgroße Teilquadrate, verbinde die Mittelpunkte dieser 16 Teilquadrate durch einen Streckenzug und denke sich den Punkt nunmehr so bewegt, daß er in der Zeiteinheit mit gleichförmiger Geschwindigkeit diesen neuen Streckenzug durchläuft. Sodann zerlege man (Fig. 9) jedes der 16 Teilquadrate der Fig. 8 neuerdings in vier gleichgroße Teilquadrate, verbinde die Mittelpunkte dieser 64 Teilquadrate durch einen Streckenzug und denke sich nunmehr den Punkt so bewegt, daß er in der Zeiteinheit mit gleichförmiger Geschwindigkeit diesen neuen Streckenzug durchläuft. Es ist ersichtlich,

Fig. 9

Fig. 10

wie dieses Verfahren fortzusetzen ist; Fig. 10 zeigt einen der
späteren Schritte, bei dem das Quadrat in 4096 Teilquadrate
geteilt ist. Es läßt sich nun in aller Schärfe zeigen, daß die hier
sukzessive in Betracht gezogenen Bewegungen – bei deren erster
ein Punkt in der Zeiteinheit einen die Mittelpunkte der vier
Teilquadrate der Fig. 7 verbindenden Streckenzug durchläuft, bei
deren zweiter in derselben Zeit einen die Mittelpunkte der 16
Teilquadrate der Fig. 8, bei deren sechster in derselben Zeit einen
die Mittelpunkte der 4096 Teilquadrate der Fig. 10 verbindenden
Streckenzug – sich unbeschränkt einer ganz bestimmten Bewegung annähern, die den bewegten Punkt in der Zeiteinheit durch
sämtliche Punkte der Quadratfläche hindurchführt. Freilich ent-

zieht sich diese Bewegung jeder Möglichkeit der Anschauung, sie kann nur durch logische Analyse erfaßt werden.

Während so, entgegen allem, was die Anschauung darzutun scheint, geometrische Gebilde, die niemand als Kurve ansehen wird, wie z. B. eine Quadratfläche, durch Bewegung eines Punktes erzeugt werden können, ist dies für andere geometrische Gebilde, die man viel eher geneigt sein wird, als Kurven anzusprechen, nicht der Fall. Man betrachte etwa das in Fig. 11 angedeutete geometrische Gebilde: eine Wellenlinie, die in der Nähe der (mit zu dem Gebilde zu rechnenden) Strecke *a b* unendlich viele Wellen mit unbeschränkt abnehmender Wellenlänge aufweist, deren Amplituden aber, im Gegensatz zu Fig. 3, nicht unbeschränkt abnehmen, sondern alle gleich groß sind; man

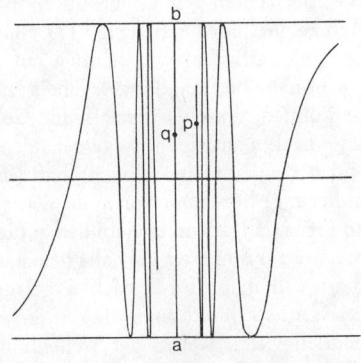

Fig. 11

zeigt unschwer, daß dieses geometrische Gebilde, trotz seines linienhaften Charakters, nicht durch Bewegung eines Punktes erzeugt werden kann: es ist keine Bewegung eines Punktes denkbar, die den bewegten Punkt in einer endlichen Zeitspanne durch alle Punkte dieses Gebildes hindurch führen würde.

Hier erheben sich nun ganz naturgemäß zwei wichtige Fragen: 1. Da, wie wir sehen, die oben angeführte altehrwürdige Definition des Begriffes Kurve durchaus ungeeignet ist, unsere primitive Kurvenvorstellung einzufangen, durch welche andere, zweckdienlichere Definition ist sie zu ersetzen? 2. Da, wie wir sehen, die durch Bewegung eines Punktes erzeugbaren geometrischen Gebilde sich keineswegs mit den Kurven decken, welche geometrische Gebilde sind es denn, die durch Bewegung eines Punktes erzeugt werden können? Beide Fragen sind heute befriedigend beantwortet; auf die Beantwortung der ersten kommen wir später zurück; über die zweite seien gleich einige Worte gesagt:[8] Ihre Beantwortung gelang mit Hilfe eines neuen geometrischen Be-

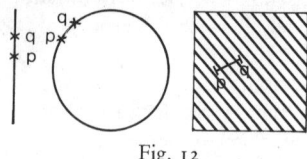

Fig. 12

griffes, des »Zusammenhanges im kleinen« oder »lokalen Zu-sammenhanges«. Betrachten wir einige durch Bewegung eines Punktes erzeugbare Gebilde, z. B. (Fig. 12) eine Strecke, eine Kreislinie, eine Quadratfläche; wir nehmen auf einem solchen Gebilde zwei recht nahe beieinander gelegene Punkte p und q an und sehen: wir können, ohne das betreffende Gebilde verlassen zu müssen, von p nach q auf einem Wege gelangen, der in großer Nähe von p und q verbleibt: diese Eigenschaft (in entsprechend präziser Formulierung) bezeichnet man als »Zusammenhang im kleinen«; das in Fig. 11 angedeutete Gebilde hat diese Eigenschaft nicht: man betrachte auf ihm etwa die nahe beieinander gelegenen Punkte p und q; will man von p nach q gelangen, ohne das Gebilde zu verlassen, so müßte man die sämtlichen dazwischen gelegenen unendlich vielen Wellen der Wellenlinie durchlaufen; dieser Weg bleibt aber nicht in großer Nähe von p und q, da alle diese Wellen dieselbe Amplitude haben. Der »Zusammenhang im kleinen« nun ist es, der im wesentlichen die durch Bewegung eines Punktes erzeugbaren Gebilde charakterisiert: eine Strecke, eine Kreislinie, eine Quadratfläche können durch Bewegung eines Punktes erzeugt werden, denn sie sind zusammenhängend im kleinen; das Gebilde der Fig. 11 kann nicht durch Bewegung eines Punktes erzeugt werden, denn es ist nicht zusammenhän-gend im kleinen.

8 Diese Frage wurde in den Jahren 1913/14 beantwortet durch H. Hahn und St. Mazurkiewicz. Neuere Darstellungen findet man in: F. Hausdorff, Mengen-lehre, 2. Aufl., Berlin, de Gruyter 1927, S. 205; H. Hahn, Reelle Funktionen, Leipzig, Akad. Verlagsgesellschaft 1932, S. 164; K. Menger, Kurventheorie, S. 31.

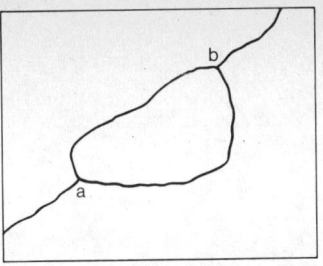

Fig. 13

Wir wollen uns noch an einem zweiten Beispiele überzeugen, wie unzuverlässig sich die Anschauung schon bei geometrischen Fragen ganz elementarer Natur zeigt. Denken wir uns ein Landkartenblatt (Fig. 13), auf dem im ganzen drei verschiedene Länder vorkommen. Es werden dann Grenzpunkte auftreten, in denen zwei Länder aneinander grenzen, es können aber auch Punkte auftreten, in denen alle drei Länder aneinander grenzen, sogenannte »Dreiländerecken«, wie die Punkte *a* und *b* in Fig. 13. Die Anschauung scheint zwingend darzutun, daß solche Dreiländerecken nur vereinzelt auftreten können, daß in der weitaus überwiegenden Mehrzahl aller Grenzpunkte nur zwei Länder aneinander grenzen werden. Und doch ist, wie der holländische Mathematiker L. E. J. Brouwer im Jahre 1910 zeigte, eine Einteilung eines Kartenblattes in drei Länder möglich, bei der in *jedem* auftretenden Grenzpunkte *alle drei Länder aneinander grenzen*.[9] Es sei wieder versucht, das wenigstens andeutungsweise einigermaßen klarzumachen.

Wir gehen aus von dem in Fig. 14 gezeichneten Landkartenblatte, auf dem man drei verschiedene Länder, ein schraffiertes, ein punktiertes, ein schwarzes Land, findet; alles übrige sei herrenloses Gebiet. Nun beschließt das schraffierte Land, um das unbesetzte Gebiet in seine Einflußsphäre zu bringen, in dieses Gebiet einen Korridor vorzutreiben (Fig. 15), der jedem Punkte

9 L. E. J. Brouwer, Mathem. Annalen 68 (1910), S. 427. Bei der folgenden Darstellung machen wir Gebrauch von einer vom Japaner Wada vorgeschlagenen anschaulichen Deutung. »Grenzpunkt« heißt ein Punkt, wenn in jeder Nähe von ihm Punkte aus verschiedenen Ländern liegen. In einem Grenzpunkte grenzen alle drei Länder aneinander, wenn in jeder Nähe von ihm Punkte jedes der drei Länder liegen.

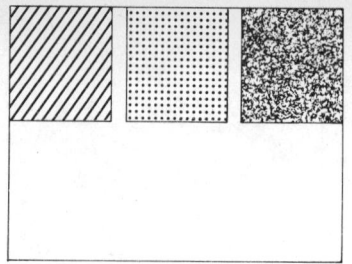

Fig. 14

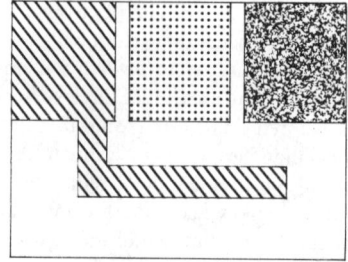

Fig. 15

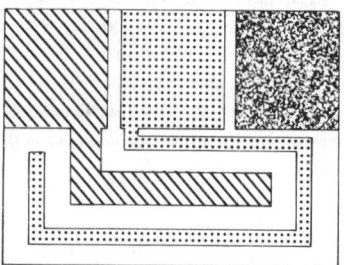

Fig. 16

des unbesetzten Gebietes bis auf einen Kilometer nahekommt, aber – um jeden Konflikt zu vermeiden – an keines der beiden anderen Länder anstößt. Nachdem dies geschehen ist, denkt man sich im punktierten Land: das können wir auch! und nun treibt auch das punktierte Land einen Korridor in das noch unbesetzte Gebiet vor (Fig. 16), der jedem noch unbesetzten Punkte sogar bis auf einen halben Kilometer nahekommt, aber an keines der

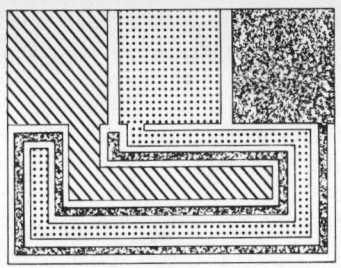

Fig. 17

anderen Länder anstößt. Nachdem dies geschehen ist, denkt man
sich im schwarzen Land: da können wir unmöglich zurückblei-
ben! und nun treibt auch das schwarze Land in das noch unbesetzte Gebiet einen Korridor vor (Fig. 17), der jedem Punkte
dieses Gebietes sogar bis auf einen Drittel-Kilometer nahekommt, aber an keines der anderen Länder anstößt. Nachdem
dies geschehen, sagt man sich im schraffierten Lande: wir sind
übertrumpft worden und müssen neuerdings vorgehen! und das
schraffierte Land treibt wieder einen Korridor in das noch unbesetzte Gebiet vor, der jedem Punkte dieses Gebietes sogar bis auf
einen Viertel-Kilometer nahekommt, aber an keines der anderen
Länder anstößt. Und so geht es immer weiter: als nächstes treibt
dann das punktierte Land einen Korridor vor, der jedem noch
unbesetzten Punkte bis auf einen Fünftel-Kilometer nahekommt,
dann das schwarze Land einen Korridor, der jedem noch unbesetzten Punkte bis auf einen Sechstel-Kilometer nahekommt,
dann rückt wieder das schraffierte Land vor usw. usw. Und da
wir schon unserer Phantasie die Zügel schießen ließen, wollen wir
noch annehmen, das schraffierte Land habe zum Vortreiben
seines ersten Korridors ein Jahr gebraucht, das punktierte Land
habe sodann seinen ersten Korridor im nächsten Halbjahre vor-
getrieben, dann das schwarze Land seinen ersten Korridor im
nächsten Vierteljahre, dann das schraffierte Land seinen zweiten
Korridor im nächsten Achteljahre usw., so daß jeder weitere
Korridor in der Hälfte der Zeit fertig wird, die der letztangelegte
erforderte hatte. Man überzeugt sich unschwer, daß nach Ablauf
von zwei Jahren kein unbesetztes Gebiet mehr da ist, und daß
dann ein Zustand erreicht ist, bei dem das ganze Kartenblatt so
auf die drei Länder aufgeteilt ist, daß nirgends nur zwei dieser

Länder aneinander grenzen: in jedem auftretenden Grenzpunkte grenzen sie alle drei aneinander. Anschauungsmäßig freilich kann man diese Verteilung nicht erfassen, wieder ist es nur die logische Analyse, die uns so weit führt; auch hier sehen wir also wieder: hätte man sich bei dieser doch so einfachen Fragestellung auf die Anschauung verlassen, so wäre man in schweren Irrtum verfallen.

Und da die Anschauung sich in so vielen Fragen als trügerisch erwiesen hatte, da es immer wieder vorkam, daß Sätze, die der Anschauung als durchaus gesichert galten, sich bei logischer Analyse als falsch herausstellten, so wurde man in der Mathematik gegenüber der Anschauung immer skeptischer; es brach immer mehr die Überzeugung durch, daß es unzulänglich sei, irgendeinem mathematischen Satz der Anschauung zu entnehmen, daß es nicht anginge, irgendeine mathematische Disziplin auf Anschauung zu gründen; es entstand die Forderung nach völliger Eliminierung der Anschauung aus der Mathematik, die Forderung nach völliger *Logisierung der Mathematik:* Jeder neue mathematische Begriff muß durch rein logische Definition eingeführt werden, jeder mathematische Beweis muß mit rein logischen Mitteln geführt werden. Pioniere auf diesem Wege waren (um nur die berühmtesten zu nennen): Augustin de Cauchy (1789-1857), Bernard Bolzano (1781-1848), Carl Weierstrass (1815-1897), Georg Cantor (1845-1918), Richard Dedekind (1831-1916).

Die Aufgabe einer völligen Logisierung der Mathematik war eine mühevolle und schwierige – es war eine Reform an Haupt und Gliedern. Sätze, die man früher als anschaulich evident hingenommen hatte, mußten sorgsam bewiesen werden. Um nur ein Beispiel zu nennen: ein so einfacher geometrischer Satz wie: »Jedes geschlossene, sich selbst nicht durchsetzende Polygon zerlegt die Ebene in genau zwei getrennte Teile« erfordert einen recht langwierigen, recht kunstvollen Beweis[10], und in noch höherem Maße gilt das von dem analogen Satz im Raume: »Jedes geschlossene, sich selbst nicht durchsetzende Polyeder zerlegt den Raum in genau zwei getrennte Teile«.[11]

10 Einen Beweis für diesen Satz findet man bei H. Hahn, Monatshefte f. Math. u. Phys. 19 (1908), S. 289.
11 Lilly Hahn, Monatshefte f. Math. u. Phys. 25 (1914), S. 303; N. J. Lennes, American Journal of Mathematics 33 (1911), S. 37.

Als Prototyp eines der reinen Anschauung entnommenen synthetischen Urteiles a priori führt Kant ausdrücklich den Satz an: *Der Raum ist dreidimensional.* Aber auch dieser Satz erfordert nach unserer heutigen Auffassung eine eindringliche logische Analyse: Es muß zunächst rein logisch definiert werden, was unter der Dimensionszahl eines geometrischen Gebildes, einer »Punktmenge« zu verstehen ist, sodann muß rein logisch bewiesen werden, daß bei Zugrundelegung dieser Definition der Raum der üblichen Geometrie, der zugleich der Raum der klassischen Newtonschen Physik ist, wirklich dreidimensional ist. Das wurde erst in jüngster Zeit, in den Jahren 1921/22 geleistet, und zwar gleichzeitig durch den Wiener Mathematiker K. Menger und den russischen Mathematiker P. Urysohn, der mittlerweile, in der Blüte seines Schaffens, einem tragischen Unfalle zum Opfer fiel. Ich will wenigstens eine flüchtige Vorstellung davon geben, wie da die Dimensionszahl einer Punktmenge definiert wird.[12]

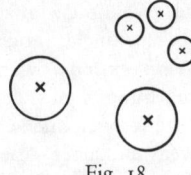

Fig. 18

Eine Punktmenge wird als *nulldimensional* bezeichnet, wenn es zu jedem ihrer Punkte beliebig kleine Umgebungen gibt, deren Begrenzung keinen Punkt der Menge enthält; jede aus endlich vielen Punkten bestehende Menge z. B. ist nulldimensional (vgl. Fig. 18), aber es gibt auch sehr viele, sehr komplizierte nulldimensionale Punktmengen, die aus unendlich vielen Punkten bestehen. Eine nicht nulldimensionale Punktmenge heißt nun *eindimensional*, wenn es zu jedem ihrer Punkte beliebig kleine Umgebungen gibt, deren Begrenzung mit der Punktmenge nur eine nulldimensionale Menge gemein hat; jede Gerade, jede aus endlich vielen geradlinigen Strecken zusammengesetzte Figur, jede Kreislinie, jede Ellipse, kurz alle Gebilde, die man gemeinhin als Kurven

12 Ausführliche Darstellung: K. Menger, Dimensionstheorie, Leipzig, Teubner 1928.

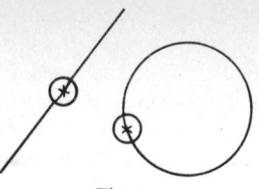

Fig. 19

bezeichnet, sind in diesem Sinne eindimensional (vgl. Fig. 19),
aber auch das in Fig. 11 dargestellte geometrische Gebilde, das –
wie wir sahen – nicht durch Bewegung eines Punktes erzeugbar
ist. Eine weder nulldimensionale noch eindimensionale Punktmenge heißt sodann *zweidimensional*, wenn es zu jedem ihrer
Punkte beliebig kleine Umgebungen gibt, deren Begrenzung mit
der Punktmenge eine höchstens eindimensionale Menge gemein
hat; jede Ebene, jede Polygon- oder Kreisfläche, jede Kugeloberfläche, kurz alle Gebilde, die man gemeinhin als Flächen bezeichnet, sind in diesem Sinne zweidimensional. Eine weder nulldimensionale, noch eindimensionale, noch zweidimensionale
Punktmenge nun heißt *dreidimensional*, wenn es zu jedem ihrer
Punkte beliebig kleine Umgebungen gibt, deren Begrenzung mit
der Punktmenge eine höchstens zweidimensionale Menge gemein
hat. Ein – freilich keineswegs einfacher – Beweis zeigt nun, daß
der Raum der üblichen Geometrie tatsächlich in diesem Sinne
dreidimensional ist.

Diese Theorie liefert nun auch eine wirklich befriedigende Definition des Begriffes *Kurve*.[13] Als wesentlichstes Merkmal der
Kurve erscheint dabei ihre Eindimensionalität. Aber darüber
hinaus liefert diese Theorie auch eine außerordentlich feine Analyse der Struktur von Kurven. Auch darüber möchte ich noch
einige Worte sagen. Ein Punkt einer Kurve heißt *Endpunkt*, wenn
es beliebig kleine Umgebungen dieses Punktes gibt, deren Begrenzung einen einzigen Punkt mit der Kurve gemein hat (vgl. in
Fig. 20 die Punkte *a* und *b*); ein Punkt der Kurve, der nicht
Endpunkt ist, heißt ein *gewöhnlicher Punkt*, wenn es beliebig
kleine Umgebungen dieses Punktes gibt, deren Begrenzung genau
zwei Punkte mit der Kurve gemein hat (vgl. in Fig. 20 den Punkt
c); ein Punkt einer Kurve heißt ein *Verzweigungspunkt*, wenn die

13 Ausführliche Darstellung: K. Menger, Kurventheorie.

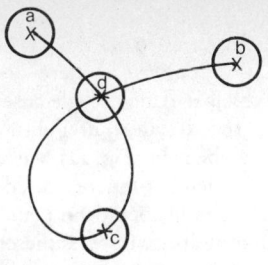

Fig. 20

Begrenzung jeder hinlänglich kleinen Umgebung dieses Punktes
mit der Kurve mehr als zwei Punkte gemein hat (vgl. in Fig. 20
den Punkt *d*).

Die Anschauung scheint nun zu lehren, daß Endpunkte und
Verzweigungspunkte auf einer Kurve eine Art Ausnahmestellung
einnehmen, daß sie in gewissem Sinne nur vereinzelt auftreten
können, daß eine Kurve unmöglich aus lauter Endpunkten bestehen kann, oder aus lauter Verzweigungspunkten. Diese Vermutung wird, was die Endpunkte anlangt, durch die logische Analyse präzisiert und bestätigt, was aber die Verzweigungspunkte
anlangt, so wird die Vermutung durch die logische Analyse
widerlegt. Es gibt, wie der polnische Mathematiker W. Sierpiński
im Jahre 1915 zeigte, Kurven, *deren sämtliche Punkte Verzweigungspunkte sind.* Versuchen wir, uns dies durch einige Andeutungen näherzubringen.

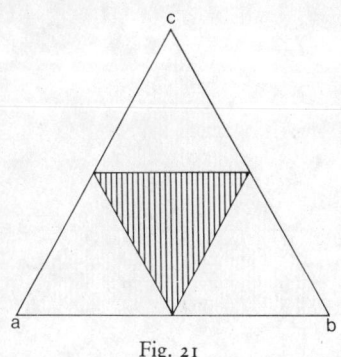

Fig. 21

Man denke sich in ein gleichseitiges Dreieck ein anderes gleichseitiges Dreieck eingeschrieben, so wie Fig. 21 es zeigt, und denke sich das (in Fig. 21 schraffierte) Innere des eingeschriebenen Dreieckes getilgt; es bleiben dann drei gleichseitige Dreiecke samt ihren Rändern übrig. In jedes dieser drei übriggebliebenen gleichseitigen Dreiecke schreibe man (Fig. 22) wieder ein gleichseitiges Dreieck ein und denke sich das Innere jedes der drei eingeschriebenen Dreiecke getilgt; es bleiben dann neun gleichseitige Dreiecke samt ihren Rändern übrig. In jedes dieser neun übriggebliebenen gleichseitigen Dreiecke schreibe man wieder ein gleichseitiges Dreieck ein und denke sich das Innere jedes dieser neun eingeschriebenen Dreiecke getilgt, so daß 27 gleichseitige Dreiecke übrigbleiben. Und dieses Verfahren denke man sich unbe-

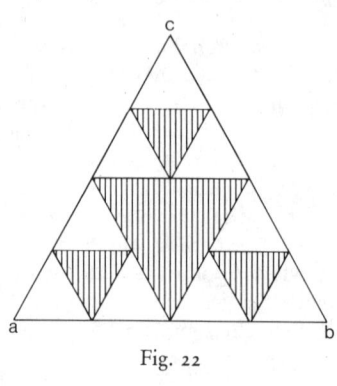

Fig. 22

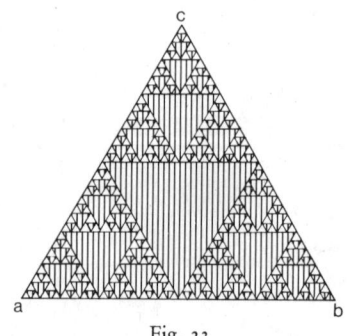

Fig. 23

schränkt fortgesetzt. (In Fig. 23 findet man den fünften Schritt dieses Verfahrens, bei dem 243 gleichseitige Dreiecke übrigbleiben, dargestellt.) Die Punkte des ursprünglichen gleichseitigen Dreieckes, die schließlich übrigbleiben (d. h. bei keinem der unendlich vielen Schritte unseres Verfahrens getilgt werden) bilden dann, wie man zeigen kann, eine Kurve, und zwar eine Kurve, deren sämtliche Punkte, mit Ausnahme der drei Eckpunkte *a*, *b*, *c* des ursprünglichen Dreieckes, Verzweigungspunkte sind. Es ist sehr leicht, daraus eine Kurve zu gewinnen, deren *sämtliche* Punkte Verzweigungspunkte sind, z. B. indem man die ganze Figur so verzerrt, daß die drei Eckpunkte *a*, *b*, *c* des ursprünglichen Dreieckes in einen Punkt zusammenrücken.

Doch nun genug der Beispiele, und fassen wir das Gesagte zusammen! Immer wieder haben wir gefunden, daß die Anschauung sich in Fragen der Geometrie, und zwar auch in prinzipiell sehr einfachen und elementaren Fragen, als durchaus unzuverlässige Führerin erweist. Ein so unzuverlässiges Hilfsmittel kann aber unmöglich den Ausgangspunkt, die Grundlage einer mathematischen Disziplin abgeben. Der Raum der Geometrie ist nicht eine Form reiner Anschauung, sondern eine logische Konstruktion.

Als widerspruchsfreie logische Konstruktionen aber sind auch andersgeartete Räume möglich, als der Raum der üblichen Geometrie: Räume z. B., in denen das sogenannte euklidische Parallelenpostulat durch ein gegenteiliges ersetzt wird (»nichteuklidische« Räume), oder Räume, deren Dimensionszahl größer als drei ist, oder »nichtarchimedische« Räume, über die hier noch einige Worte gesagt seien, während den nichteuklidischen und mehrdimensionalen Räumen der ganze nächste Vortrag gewidmet ist.

Die Möglichkeit, die Länge einer Strecke durch eine reelle Zahl zu messen und die daraus fließende Möglichkeit, die Lage eines Punktes, wie es in der analytischen Geometrie geschieht, durch Angabe reeller Zahlen (seiner »Koordinaten«) festzulegen, beruht auf dem sogenannten *Postulat des Archimedes*[14], das besagt: Sind zwei Strecken gegeben, so gibt es stets ein Vielfaches der ersten, das größer als die zweite ist. Als logische Konstruktion aber sind

---

14 Es sollte richtiger Postulat des Eudoxus heißen. Eudoxus lebte 408-355 v. Chr., Archimedes 287-212 v. Chr.

durchaus auch Räume möglich[15], in denen das archimedische Postulat durch das gegenteilige ersetzt ist, in denen es also Strecken gibt, die größer sind als jedes Vielfache einer gegebenen Strecke, in denen es demgemäß, nach Wahl einer Strecke als Längeneinheit, *unendlich große* und *unendlich kleine* Strecken gibt, während es im Raume der üblichen Geometrie unendlich große und unendlich kleine Strecken nicht gibt. Auch in einem solchen »nichtarchimedischen« Raume kann man Strecken messen und analytische Geometrie treiben, freilich nicht mit Hilfe der reellen Zahlen der üblichen Arithmetik, sondern mit Hilfe »nichtarchimedischer Zahlensysteme«, die man aber ebenso zu überblicken vermag, mit denen man ebensogut rechnen kann wie mit den reellen Zahlen der üblichen Arithmetik.[16]

Was sollen wir nun von dem oft gehörten Einwande halten: alle diese mehrdimensionalen, nichteuklidischen, nichtarchimedischen Geometrien – mögen sie auch als logische Konstruktionen widerspruchsfrei sein – zur Einordnung unserer Erlebnisse sind sie unbrauchbar, denn sie sind *unanschaulich*; zur Einordnung unserer Erlebnise ist einzig brauchbar die übliche dreidimensionale, euklidische, archimedische Geometrie, denn sie ist die einzig anschauliche. Dazu wäre vor allem zu sagen – und mein ganzer Vortrag diente ja dazu, dies zu zeigen –, daß es auch mit der Anschaulichkeit der üblichen Geometrie nicht gar so weit her ist. Es ist eben *jede* Geometrie – dreidimensionale wie mehrdimensionale, euklidische wie nichteuklidische, archimedische wie nichtarchimedische – eine logische Konstruktion. Die Entwicklung der Physik hat es mit sich gebracht, daß man bis in die jüngste Zeit sich zur Ordnung unserer Erlebnisse ausschließlich der logischen Konstruktion der dreidimensionalen, euklidischen, archimedischen Geometrie bediente; sie hat sich bis in die jüngste Zeit trefflich für diesen Zweck bewährt, und so hat man sich völlig an ihre Handhabung gewöhnt. Diese Gewöhnung an die Handhabung der üblichen Geometrie zur Ordnung unserer Erlebnisse ist es, was man als ihre Anschaulichkeit bezeichnet, jedes

---

15 Als erster hat sich ausführlich mit nichtarchimedischen Räumen beschäftigt der italienische Mathematiker G. Veronese: Grundzüge der Geometrie von mehreren Dimensionen und mehreren Arten gradliniger Einheiten, Leipzig, Teubner 1894.
16 Über nichtarchimedische Zahlsysteme vgl. H. Hahn, Sitzungsberichte d. mathem.-naturwiss. Klasse d. k. Akademie d. Wiss. Wien 116 (1907), S. 601.

Abweichen davon gilt als unanschaulich, als anschauungswidrig, als anschauungsunmöglich. Solche »Anschauungsmöglichkeiten« aber finden sich, wie wir sehen, auch in der üblichen Geometrie: sie stellen sich ein, sobald man sich nicht mehr darauf beschränkt, nur Gebilde zu betrachten, an die man durch langen Gebrauch gewöhnt ist, sondern auch Gebilde in den Kreis unserer Betrachtungen zieht, an die man bisher nicht gedacht hatte.

Die neueste Physik läßt es nun als zweckmäßig erscheinen, zur Ordnung unserer Erlebnisse auch die logischen Konstruktionen mehrdimensionaler und nichteuklidischer Geometrien heranzuziehen (während wir bisher keinen Anhaltspunkt dafür haben, daß auch das Heranziehen nichtarchimedischer Geometrien sich als zweckmäßig erweisen könnte; aber ausgeschlossen ist dies keineswegs); da sich aber diese Entwicklung erst in jüngster Zeit vollzog, sind wir an die Handhabung dieser logischen Konstruktionen zur Ordnung unserer Erlebnisse noch nicht gewöhnt, darum gelten diese Geometrien als anschauungswidrig.

So ist es auch seinerzeit gegangen, als die Lehre von der Kugelgestalt der Erde aufkam; da wurde diese Lehre vielfach abgelehnt, weil die Existenz der Antipoden anschauungswidrig sei; mittlerweile aber hat man sich an diese Auffassung gewöhnt, und heute fällt es niemandem mehr ein, sie wegen angeblicher Anschauungswidrigkeit als unmöglich zu erklären.

Auch die spezifisch physikalischen Begriffe sind logische Konstruktionen, und man kann an ihnen deutlich sehen, wie diejenigen, an deren Handhabung man gewöhnt ist, anschaulichen Charakter bekommen, und die, an deren Handhabung wir nicht gewohnt sind, unanschaulich bleiben. Der Begriff »Gewicht« ist einer, dessen Handhabung ziemlich jedermann gewohnt ist, darum verbindet sich mit diesem Begriffe ziemlich für jedermann eine gewisse Anschaulichkeit; der Begriff »Trägheitsmoment«, mit dessen Handhabung die meisten Menschen nichts zu tun haben, bleibt auch für die meisten Menschen unanschaulich, während er für manche Experimentalphysiker und Techniker, die ihn fortgesetzt handhaben müssen, ebenso anschaulichen Charakter gewinnt wie der Begriff »Gewicht« für die meisten Menschen. Ähnlich wird für den Elektrotechniker der Begriff »Potentialdifferenz« anschaulichen Charakter haben, für die meisten Menschen aber nicht.

Wenn nun die Heranziehung der logischen Konstruktionen

mehrdimensionaler und nichteuklidischer Geometrien zur Ordnung unserer Erlebnisse sich bewähren sollte, wenn man sich an ihre Handhabung immer mehr gewöhnt haben wird, wenn sie in den Schulunterricht eingedrungen sein wird, wenn man sie mit der Muttermilch einsaugen wird, wie es heute der Fall ist für die Handhabung der dreidimensionalen euklidischen Geometrie, dann wird es niemandem mehr einfallen, diese Geometrien als anschauungswidrig zu bezeichnen, dann werden sie ebenso als anschaulich gelten, wie heute die dreidimensionale euklidische Geometrie. Denn nicht, wie Kant dies wollte, ein reines Erkenntnismittel a priori ist die Anschauung, sondern auf psychischer Trägheit beruhende Macht der Gewöhnung!

Gibt es Unendliches?*

Seit dem Altertum beschäftigt die Frage nach dem Unendlichen unablässig den Menschengeist. Immer wieder wurde es entschiedenst geleugnet, daß irgend etwas Unendliches existiert oder irgendeine Unendlichkeit vom Menschen erfaßt werden könne, und immer wieder fanden sich Denker, die dies für durchaus möglich hielten. Aristoteles hatte gelehrt, daß keinerlei vollendetes Unendliches möglich sei. Die Philosophie des Mittelalters – beherrscht einerseits von der Autorität des Aristoteles, der für sie »der Philosoph« schlechthin war, in mindestens gleichem Maße aber andrerseits beherrscht von der Autorität der Kirche – diskutiert unermüdlich die Frage, wie sich die von Aristoteles gelehrte Unmöglichkeit des Unendlichen mit der von der Kirche gelehrten Allmacht Gottes vertrage. Die These des Aristoteles verfeinernd und präzisierend lehrt der heilige Thomas von Aquino, kein Unendliches könne *gegeben* sein, während nicht wenige aus der großen Reihe der scholastischen Philosophen, insbesondere solche aus der Nominalistenschule, die gegenteilige These verfechten.[1] Zum Teile wenigstens wird dabei eine bewundernswerte logische Schärfe entwickelt, die in den folgenden Jahrhunderten gänzlich verloren ging, und in manchen Punkten erst wieder in der kritischen Mathematik des 19. Jahrhunderts erreicht wurde. Um von den neuzeitlichen Denkern nur einige der ganz großen zu erwähnen, und nur solche, die mathematisch gerichtet waren: Descartes lehnt ausdrücklich jede Beschäftigung mit dem Unendlichen ab: »Wir werden uns – schreibt er in seinen Principia – nicht mit Streitigkeiten über das Unendliche ermüden, denn bei unserer eigenen Endlichkeit wäre es verkehrt, wenn wir versuchten, etwas darüber zu bestimmen und es so gleichsam endlich und begreiflich zu machen ... denn nur der, welcher seinen Geist für unendlich hält, kann glauben, hierüber nachden-

---

* Zuerst erschienen in: Alte Probleme – neue Lösungen in den exakten Wissenschaften. Fünf Wiener Vorträge. Zweiter Zyklus. Leipzig und Wien 1934.

1 Vgl. hiezu: P. Duhem, Études sur Léonard de Vinci, ceux qu'il a lus et ceux qui l'ont lu. Seconde série (Paris, Hermann, 1909). ix. Léonard de Vinci et les deux infinis.

ken zu müssen.« Leibniz hingegen schreibt in einem Briefe: »Je suis tellement pour l'infini actuel, qu'au lieu d'admettre que la nature l'abhorre, comme l'on dit vulgairement, je tiens qu'elle l'affecte partout, pour mieux marquer la perfection de son Auteur. Ainsi je crois qu'il n'y a aucune partie de la matière qui ne soit, je ne dis pas divisible, mais actuellement divisée; et par consequent la moindre particelle doit etre considerée comme un monde plein d'une infinité de créatures différentes.« Aber er lehrt – in dieser Beziehung einig mit seinem sonstigen Antipoden Locke: »Nous n'avons pas l'idée d'un éspace infini, et rien n'est plus sensible que l'absurdité d'une idée actuelle d'un nombre infini.« Im Jahre 1831 schrieb C. F. Gauß, der als der größte aller Mathematiker verehrt wird, die oft zitierten Worte: »So protestiere ich gegen den Gebrauch einer unendlichen Größe als einer vollendeten, welcher in der Mathematik niemals erlaubt ist«; und ebenso denkt A. Cauchy, der große Mathematiker, dessen Gedanken für die Entwicklung der Mathematik im 19. Jahrhundert vielfach bestimmend waren. Ganz anders sein Zeitgenosse, der Österreicher B. Bolzano, der sich mit Cauchy in den Ruhm teilt, die Grundsteine zu einer kritisch exakten Fundierung der Analysis gelegt zu haben, dessen Schicksal aber auch darin ein echt österreichisches war, daß seine Leistungen von den Zeitgenossen wenig beachtet wurden, so daß sein Einfluß auf die weitere Entwicklung nicht entfernt mit dem Cauchys verglichen werden kann. Er schrieb in den Jahren 1847/48 eine kleine Schrift »Die Paradoxien des Unendlichen«, die erst nach seinem Tode gedruckt wurde[2], in der er bestrebt ist, »den Schein des Widerspruches, der an diesen mathematischen Paradoxien haftet, als das, was er ist, als bloßen Schein zu erkennen«, und so das Unendliche zum Objekte wissenschaftlicher Forschung zu machen. Der entscheidende Erfolg in diesem Sinne aber war Georg Cantor vorbehalten, der in den Jahren 1871-1884 eine ganz neue, ganz eigenartige mathematische Disziplin schuf, die Mengenlehre, in der zum ersten Male nach jahrtausendelangem Für und Wider mit aller Schärfe der modernen Mathematik eine Lehre vom Unendlichen begründet wurde.[3]

2 Neue Ausgabe (mit Anmerkungen versehen von H. Hahn) bei Felix Meiner, Leipzig 1920. (Der Philosophischen Bibliothek Band 99.)
3 Man findet die grundlegenden Abhandlungen von G. Cantor in: Georg Cantor, Gesammelte Abhandlungen mathematischen und philosophischen Inhalts, her-

Wie so viele große Neuschöpfungen geht auch diese von einem ganz einfachen Gedanken aus. Cantor legt sich die Frage vor: Was meinen wir, wenn wir von zwei *endlichen* Mengen sagen, sie bestehen aus gleich viel Elementen, sie haben gleiche Anzahl, sie sind *gleichzahlig*? Offenbar nichts anderes als dies: Zwischen den Elementen der ersten und denen der zweiten Menge ist eine Zuordnung möglich, bei der jedem Elemente der ersten Menge genau eines der zweiten Menge zugeordnet ist, und auch jedem Elemente der zweiten Menge genau eines der ersten; eine solche Zuordnung heißt »umkehrbar eindeutig« oder kürzer »eineindeutig«. Die Menge der Finger der rechten Hand ist gleichzahlig der Menge der Finger der linken Hand, denn es ist zwischen den Fingern der rechten Hand und denen der linken Hand eine eineindeutige Zuordnung möglich; eine solche Zuordnung erhalten wir z. B., indem wir Daumen auf Daumen, Zeigefinger auf Zeigefinger legen, usw. Die Menge meiner Ohren aber und die Menge der Finger einer Hand sind nicht gleichzahlig, denn da ist offenbar keine eineindeutige Zuordnung möglich; versuche ich die Finger einer Hand den Ohren zuzuordnen, so bleiben, wie ich es auch anstellen mag, notwendig Finger über, die keinem Ohr zugeordnet sind. Die *Anzahl* (oder *Kardinalzahl*) einer Menge ist nun offenbar ein Merkmal, das sie mit allen gleichzahligen Mengen gemein hat und durch das sie sich von allen mit ihr nicht gleichzahligen Mengen unterscheidet. Die Anzahl »fünf« z. B. ist das Merkmal, in dem alle mit der Menge der Finger meiner rechten Hand gleichzahligen Mengen übereinstimmen und in dem sie sich von allen anderen Mengen unterscheiden.

Wir haben also die Definitionen: Zwei Mengen heißen *gleichzahlig,* wenn zwischen ihren Elementen eine eineindeutige Zuordnung möglich ist; das Merkmal, das eine Menge mit allen gleichzahligen Mengen gemein hat und durch das sie sich von jeder mit ihr nicht gleichzahligen Menge unterscheidet, heißt die *Anzahl* dieser Menge. Und nun machen wir die fundamentale Bemerkung: in diese Definitionen geht in keiner Weise die Endlichkeit der betrachteten Mengen ein; sie können ebensogut auf unendliche Mengen angewendet werden wie auf endliche Mengen. Und

---

ausgegeben von E. Zermelo (Berlin, J. Springer, 1932). Dieser Band enthält auch eine von A. Fraenkel verfaßte Biographie Cantors und ein Bildnis Cantors. Zum eingehenderen Studium der Mengenlehre sei empfohlen: A. Fraenkel, Einleitung in die Mengenlehre. Dritte Auflage (Berlin, J. Springer, 1928).

damit sind die Begriffe »gleichzahlig« und »Anzahl« auf Mengen aus unendlich vielen Elementen übertragen. Die Anzahlen endlicher Mengen, also die Zahlen 1, 2, 3, ... werden *natürliche Zahlen* genannt; die Anzahlen unendlicher Mengen nennt Cantor *transfinite Kardinalzahlen* oder auch *transfinite Mächtigkeiten*.

Aber gibt es überhaupt unendliche Mengen? Davon können wir uns sogleich an einem ganz einfachen Beispiel überzeugen: Es gibt offenbar unendlich viele verschiedene natürliche Zahlen; die Menge aller natürlichen Zahlen enthält also unendlich viele Elemente; sie ist eine unendliche Menge. Diejenigen Mengen nun, die gleichzahlig der Menge aller natürlichen Zahlen sind, deren Elemente also eineindeutig den natürlichen Zahlen zugeordnet werden können, heißen *abzählbar unendliche Mengen*. Diese Bezeichnung soll folgendes ausdrücken: Eine Menge der Anzahl »fünf« ist eine Menge, deren Elemente eineindeutig den *ersten fünf* natürlichen Zahlen zugeordnet werden können, also mit den Zahlen 1, 2, 3, 4, 5 numeriert werden können, die mit Hilfe der *ersten fünf* natürlichen Zahlen abgezählt werden kann; eine abzählbar unendliche Menge ist eine Menge, deren Elemente eineindeutig den *sämtlichen* natürlichen Zahlen zugeordnet werden können, also mit Hilfe der *sämtlichen* natürlichen Zahlen numeriert werden können, die mit Hilfe der *sämtlichen* natürlichen Zahlen abgezählt werden kann. Nach unseren Definitionen haben alle abzählbar unendlichen Mengen dieselbe Anzahl; diese Anzahl muß nun einen Namen bekommen, so wie in alten Zeiten die Anzahl der Menge der Finger einer Hand den Namen »fünf«, geschrieben 5, erhalten hat. Cantor hat dieser Anzahl den Namen »Alef-Null«, geschrieben $\aleph_0$, gegeben. (Warum er ihr gerade diesen etwas bizarren Namen gegeben hat, wird später verständlich werden.) Die Zahl $\aleph_0$ ist also ein erstes Beispiel einer transfiniten Kardinalzahl; sowie die Aussage: »Eine Menge hat die Anzahl 5« bedeutet: Ihre Elemente können eineindeutig den Fingern der rechten Hand oder – was auf dasselbe herauskommt – den Zeichen 1, 2, 3, 4, 5 zugeordnet werden, so bedeutet die Aussage: »Eine Menge hat die Anzahl $\aleph_0$«: Ihre Elemente können eineindeutig den *sämtlichen* natürlichen Zahlen zugeordnet werden.

Sehen wir uns nach Beispielen abzählbar unendlicher Mengen um, so kommen wir sofort zu höchst überraschenden Resultaten. Die Menge aller natürlichen Zahlen selbst ist abzählbar unendlich; das ist eine Trivialität, dies war ja geradezu die Definition des Begriffes »abzählbar unendlich«. Aber auch die Menge aller *geraden* Zahlen ist abzählbar unendlich, hat also dieselbe Anzahl $\aleph_0$ wie die Menge *aller* natürlichen Zahlen, obwohl man doch geneigt wäre zu sagen, es gibt viel weniger gerade als natürliche Zahlen. Um unsere Behauptung zu beweisen, hat man lediglich die in Fig. 1 skizzierte Zuordnung heranzuziehen, d. h. jeder

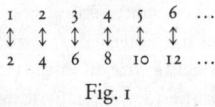

Fig. 1

natürlichen Zahl ihr zweifaches zuzuordnen; das ist ersichtlich eine eindeutige Zuordnung zwischen *allen* natürlichen und allen *geraden* Zahlen, und damit ist alles gezeigt. Genau so sieht man, daß die Menge aller *ungeraden* Zahlen abzählbar unendlich ist. Noch überraschender vielleicht ist die Tatsache, daß auch die Menge aller *Paare natürlicher Zahlen* abzählbar unendlich ist. Um dies einzusehen, hat man nur die Menge aller Paare natürlicher Zahlen, so wie dies in Fig. 2 angedeutet ist, »nach Diagona-

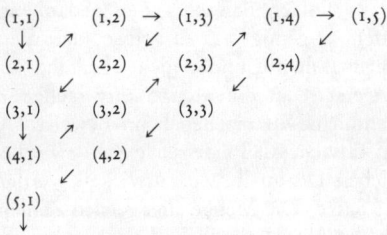

Fig. 2

len« zu ordnen, wodurch man sofort die in Fig. 3 angedeutete eineindeutige Zuordnung zwischen allen natürlichen Zahlen und allen Paaren natürlicher Zahlen erhält. Daraus fließt dann leicht die Tatsache, die Cantor schon als Student gefunden hat, daß

1   2   3   4   5   6   7   8   9   10 11 12 13 14 15 ...
$\updownarrow$ $\updownarrow$ $\updownarrow$ $\updownarrow$ $\updownarrow$ $\updownarrow$ $\updownarrow$ $\updownarrow$ $\updownarrow$ $\updownarrow$ $\updownarrow$ $\updownarrow$ $\updownarrow$ $\updownarrow$ $\updownarrow$
(1,1) (2,1) (1,2) (1,3) (2,2) (3,1) (4,1) (3,2) (2,3) (1,4) (1,5) (2,4) (3,3) (4,2) (5,1) ...

Fig. 3

auch die Menge aller rationalen Brüche (das sind die Quotienten zweier ganzen Zahlen, wie $\frac{1}{2}$, $\frac{2}{3}$ usw.) abzählbar unendlich, also gleichzahlig der Menge aller natürlichen Zahlen, ist, obwohl man doch geneigt wäre zu sagen, daß es ungeheuer viel mehr Brüche als natürliche Zahlen gibt. Aber noch mehr: Cantor konnte sogar beweisen, daß auch die Menge aller sogenannten algebraischen Zahlen, d. h. die Menge aller Zahlen, die einer algebraischen Gleichung $a_0 x^n + a_1 x^{n-1} \ldots + a_{n-1} x + a_n = 0$ mit ganzzahligen Koeffizienten a_0, a_1, $\ldots a_n$ genügen, abzählbar unendlich ist.

Nun aber wird sich bei manchem Leser wohl ein Verdacht geregt haben: Sind nicht am Ende *alle* unendlichen Mengen abzählbar unendlich, also untereinander gleichzahlig? Wäre dem so, so wären unsere Hoffnungen arg enttäuscht; es gäbe eben dann neben den endlichen Mengen die unendlichen, die alle untereinander gleichzahlig wären, und mehr wäre darüber nicht zu sagen. Aber im Jahre 1874 gelang Cantor der Beweis, daß es auch unendliche Mengen gibt, die *nicht* abzählbar sind, daß es also verschiedene unendliche Anzahlen, verschiedene transfinite Kardinalzahlen gibt. Insbesondere hat Cantor gezeigt: die Menge aller sogenannten reellen Zahlen (das sind alle ganzen Zahlen, alle Brüche und alle irrationalen Zahlen) ist *unabzählbar unendlich*. Der Beweis ist so einfach, daß ich seinen Gedankengang vorführen kann. Offenbar genügt es, zu zeigen, daß die Menge aller reellen Zahlen zwischen 0 und 1 nicht abzählbar unendlich ist; denn dann ist erst recht die Menge *aller* reellen Zahlen nicht abzählbar unendlich. Wir machen beim Beweise Gebrauch von der bekannten Tatsache, daß jede reelle Zahl zwischen 0 und 1 in einen unendlichen Dezimalbruch entwickelt werden kann. Der zu beweisende Satz: »Die Menge aller reellen Zahlen zwischen 0 und 1 ist nicht abzählbar unendlich« kann auch so ausgesprochen werden: Eine *abzählbar unendliche* Menge reeller Zahlen zwischen 0 und 1 kann nicht die Menge *aller* reellen Zahlen zwischen 0 und 1 sein, oder noch anders: ist eine abzählbar unendliche Menge reeller Zahlen zwischen 0 und 1 gegeben, so gibt es immer eine reelle Zahl zwischen 0 und 1, die nicht zu der gegebenen Menge gehört. Denken wir uns, um das zu beweisen, eine abzählbar unendliche Menge reeller Zahlen zwischen 0 und 1 gegeben; da sie abzählbar unendlich ist, können die in ihr vorkommenden reellen Zahlen eineindeutig den natürlichen Zahlen zugeordnet werden. Nun schreiben wir die dabei der Zahl 1 zugeordnete reelle Zahl als unendlichen Dezimalbruch an, darunter die der natürlichen Zahl 2 zugeordnete reelle Zahl, darunter die der natürlichen Zahl 3 zugeordnete reelle Zahl, usw.; das wird z. B. so aussehen:

$$0·20745\ldots$$
$$0·16238\ldots$$
$$0·97126\ldots$$
$$\cdots\cdots\cdots$$
$$\cdots\cdots\cdots$$

Nun kann in der Tat sofort eine reelle Zahl zwischen 0 und 1 angegeben werden, die in der gegebenen abzählbar unendlichen Menge reeller Zahlen zwischen 0 und 1 nicht vorkommt: Man wähle ihre erste Dezimale verschieden von der ersten Dezimale der in der ersten Zeile stehenden Zahl, z. B. 3, ihre zweite Dezimale verschieden von der zweiten Dezimale der in der zweiten Zeile stehenden Zahl, z. B. 2, ihre dritte Dezimale verschieden von der dritten Dezimale der in der dritten Zeile stehenden Zahl, z. B. 5 usw. Es ist klar, daß man so eine reelle Zahl zwischen 0 und 1 erhält, die von allen den gegebenen abzählbar unendlich vielen reellen Zahlen verschieden ist, und das ist es, was zu zeigen war.

Damit ist also bewiesen, daß die Menge der natürlichen Zahlen und die Menge der reellen Zahlen nicht gleichzahlig sind; diese beiden Mengen haben verschiedene Kardinalzahlen. Die Kardinalzahlen der Menge der reellen Zahlen nannte Cantor die »Mächtigkeit des Kontinuums«, wir wollen sie mit c bezeichnen. Da, wie früher besprochen, die Menge aller algebraischen Zahlen abzählbar unendlich ist, und, wie wir nun sahen, die Menge aller reellen Zahlen nicht abzählbar unendlich ist, muß es reelle Zahlen geben, die nicht algebraisch sind. Es sind die sogenannten *transzendenten* Zahlen, von denen schon Herr Menger in seinem Vortrag gesprochen hat, und deren Existenz durch diesen von Cantor herrührenden Gedankengang in der denkbar einfachsten Weise bewiesen ist.

Da bekanntlich die reellen Zahlen eineindeutig den Punkten einer Geraden zugeordnet werden können, ist c auch der Kardinalzahl der Menge aller Punkte einer Geraden. Überraschenderweise konnte Cantor nachweisen, daß es auch eine eineindeutige Zuordnung zwischen der Menge aller Punkte einer Ebene und der

Menge aller Punkte einer Geraden gibt. Diese beiden Mengen sind also gleichzahlig, d. h. c ist auch die Kardinalzahl der Menge aller Punkte einer Ebene, obwohl man doch auch hier geneigt wäre zu sagen, daß eine Ebene außerordentlich viel mehr Punkte enthält als eine Gerade; ja, wie Cantor gezeigt hat, ist c auch die Kardinalzahl der Menge aller Punkte des dreidimensionalen Raumes, ja eines Raumes von beliebiger Dimensionszahl.

Wir kennen nun schon zwei verschiedene transfinite Kardinalzahlen: $\aleph_0$ und c, die Mächtigkeit der abzählbar unendlichen Mengen und die Mächtigkeit des Kontinuums. Gibt es noch andere? Ja, es gibt sicher unendlich viele verschiedene transfinite Kardinalzahlen; denn ist mir irgendeine Menge M gegeben, so kann sofort eine Menge mit größerer Kardinalzahl angegeben werden: die Menge aller möglichen Teilmengen von M hat nämlich größere Kardinalzahl als die Menge M selbst. Nehmen wir z. B. eine Menge aus drei Elementen, etwa die Menge der drei Zeichen 1, 2, 3; ihre sämtlichen Teilmengen sind dann die folgenden Mengen: 1; 2; 3; 1,2; 2,3; 1,3; und das sind mehr als drei; Cantor hat gezeigt, daß dies allgemein[4], auch für unendliche Mengen gilt. Z. B. hat die Menge aller möglichen Punktmengen auf einer Geraden größere Kardinalzahl als die Menge aller Punkte der Geraden, d. h. ihre Kardinalzahl ist größer als c.

Nun handelt es sich noch darum, einen Überblick über alle möglichen transfiniten Kardinalzahlen zu gewinnen. Bei den Kardinalzahlen der endlichen Mengen, den natürlichen Zahlen, haben wir folgenden einfachen Sachverhalt: Es gibt unter ihnen eine kleinste, die 1; und: Ist eine endliche Menge M der Anzahl m gegeben, so erhält man eine Menge der nächstgrößeren Anzahl, indem man zur Menge M noch ein Element hinzufügt. Wie steht es diesbezüglich bei den unendlichen Mengen? Da zeigt man unschwer, daß es auch unter den transfiniten Kardinalzahlen eine kleinste gibt: es ist $\aleph_0$, die Mächtigkeit der abzählbar unendlichen Mengen (man glaube aber nicht, daß das selbstverständlich ist: unter allen positiven Brüchen gibt es keinen kleinsten). Nicht so leicht wie bei den endlichen Mengen ist es aber, zu einer transfiniten Kardinalzahl die nächstgrößere zu bilden; denn indem man zu einer unendlichen Menge noch ein Element hinzufügt, be-

---

4 Für Mengen M, die aus einem einzigen oder aus zwei Elementen bestehen, gilt es nur, wenn man auch die »leere Menge«, die gar kein Element enthält, und die Menge M selbst mit zu den Teilmengen von M rechnet.

kommt man nicht eine Menge größerer, sondern eine Menge gleicher Anzahl. Aber Cantor hat auch dieses Problem gelöst, indem er zeigte, daß es zu jeder transfiniten Kardinalzahl eine nächstgrößere gibt (was wieder keineswegs selbstverständlich ist: zu einem Bruch gibt es keinen nächstgrößeren) und indem er zeigte, wie man sie erhält. Wir können darauf nicht eingehen, da es uns zu tief in rein mathematische Überlegungen hineinführen würde. Es genügt uns die Tatsache: Es gibt eine kleinste transfinite Kardinalzahl, nämlich $\aleph_0$; es gibt dazu eine nächstgrößere, sie heißt $\aleph_1$; zu dieser gibt es wieder eine nächstgrößere, sie heißt $\aleph_2$ usw. Aber damit sind noch nicht alle transfiniten Kardinalzahlen erschöpft; denkt man sich die Kardinalzahlen $\aleph_0$, $\aleph_1$, $\aleph_2$, ..., $\aleph_{10}$, ..., $\aleph_{100}$, ..., $\aleph_{1000}$, ... gebildet, kurz alle Alefs $\aleph_n$, deren Index n eine natürliche Zahl ist, so gibt es wieder eine erste transfinite Kardinalzahl, die größer ist als sie alle, Cantor nannte sie $\aleph_\omega$, zu dieser wieder eine nächstgrößere $\aleph_{\omega+1}$, und so immer weiter.

Da die so sukzessive gebildeten Alefs alle möglichen transfiniten Kardinalzahlen sind, muß auch die Mächtigkeit c des Kontinuums unter ihnen vorkommen. Es entsteht also die Frage: welches Alef ist die Mächtigkeit des Kontinuums? Das ist das berühmte Kontinuumproblem. Wir wissen schon, daß dies nicht $\aleph_0$ sein kann, denn, wie wir sahen, ist die Menge aller reellen Zahlen unabzählbar unendlich, d. h. nicht gleichzahlig der Menge der natürlichen Zahlen. Cantor hat vermutet, daß $\aleph_1$ die Mächtigkeit des Kontinuums ist. Doch ist die Frage bis heute offen, und wir sehen vorläufig auch nicht die Spur eines Weges zu ihrer Lösung.[5]

Ich möchte hier noch auf eine logische Feinheit aufmerksam machen, die erst einige Zeit nach dem eben skizzierten Aufbau der Mengenlehre durch G. Cantor von Zermelo bemerkt wurde: Beim Beweise, daß $\aleph_0$ die kleinste transfinite Kardinalzahl ist, sowie beim Beweise, daß jede transfinite Kardinalzahl in der Reihe der Alefs vorkommt, benützt man ein Schlußprinzip, das auch bei einigen anderen mathematischen Beweisen benötigt wird, ohne daß man sich davon explizit Rechenschaft gegeben hätte, und das – wie es scheint – nicht auf die anderen Prinzipe der Logik zurückführbar ist. Es handelt sich dabei um folgendes Prinzip, das als das *Auswahlpostulat* oder *Auswahlaxiom* be-

---

5 Näheres über das Kontinuumproblem: W. Sierpiński, Hypothèse du continu (Monografje Matematyczne, Tom IV, Warszawa-Lwow 1934).

zeichnet wird[6] (von dem schon im Vortrage des Herrn Menger die Rede war): *ist eine Menge von Mengen M gegeben, die zu je zweien kein Element gemein haben, so gibt es auch eine Menge, die mit jeder der Mengen M genau ein Element gemein hat.* Das macht keine Schwierigkeiten, wenn es sich um *endlich viele* Mengen handelt; dann kann man aus jeder dieser Mengen ein Element auswählen, das sind endlich viele Akte; hat man aus jeder der gegebenen Mengen ein Element ausgewählt, so ist man fertig: man hat dann eine Menge, die mit jeder der gegebenen Mengen genau ein Element gemein hat. Es macht auch keine Schwierigkeit, wenn *unendlich viele* Mengen gegeben sind, und zugleich eine Regel gegeben ist, die in jeder dieser Mengen ein Element auszeichnet: Die Menge der ausgezeichneten Elemente ist dann die gewünschte, die mit jeder der gegebenen Mengen genau ein Element gemein hat. Wenn aber unendlich viele Mengen gegeben sind, und keine Regel dazugegeben ist, die in jeder dieser Mengen ein Element auszeichnet, so kommt man nicht so durch, wie im Falle, wo nur endlich viele Mengen gegeben sind; denn wollte man, wie im Falle endlich vieler Mengen, aus jeder der gegebenen Mengen nach Belieben ein Element herausgreifen, würde man ja nie damit fertig, und käme also nie wirklich zur gewünschten Menge, die mit jeder der gegebenen ein Element gemein hat. Darum also stellt die Behauptung, daß es eine solche Menge in jedem Falle gibt, ein eigenes logisches Postulat dar. Der berühmte englische Logiker und Philosoph B. Russell hat das sehr hübsch durch folgenden Scherz anschaulich gemacht: In Kulturländern ist es üblich, daß bei einem Paar Schuhe der rechte sich vom linken unterscheidet, während bei einem Paar Strümpfe dieser Unterschied nicht gemacht wird; denken wir uns einen unendlich reichen Mann (ein Millionär oder Milliardär würde nicht ausreichen, er muß ein »Infinitär« sein) und der besitze aus unendlichem Spleen eine Kollektion von unendlich vielen Schuhpaaren und unendlich vielen Strumpfpaaren; dann verfügt er auch sofort über eine Menge von Schuhen, die aus jedem Paare genau einen enthält, z. B. die Menge der rechten Schuhe aus jedem Paar;

---

6 Näheres über das Auswahlpostulat: W. Sierpiński, L'axiome de M. Zermelo et son rôle dans la théorie des ensembles et l'analyse. Bull. de l'Acad. des Sciences de Cracovie, Classes des sciences math. et nat., Série A, 1918, S. 97-152; W. Sierpiński, Leçons sur les nombres transfinis (Paris, Gauthier-Villars, 1928). Chap. VI.

aber wie soll man zu einer Menge gelangen, die aus jedem Strumpfpaar genau einen Strumpf enthält? Natürlich dreht es sich bei diesem Beispiel nur um eine scherzhafte Illustration: die Sache selbst aber ist eine ernste und schwerwiegende logische Entdeckung, an die sich manches Problem knüpft. Doch für den Augenblick genug hievon; wir kommen noch darauf zurück.

Durch den im vorstehenden freilich nur ganz skizzenhaft geschilderten Aufbau der Mengenlehre scheint die Frage »Gibt es Unendliches?« durchaus mit »ja« beantwortet: Es gibt nicht nur, wie dies schon Leibniz gesagt hatte, unendliche Mengen, sondern es gibt sogar, was Leibniz geleugnet hatte, unendliche Zahlen: und man kann auch noch zeigen, daß mit ihnen auch sehr wohl gerechnet werden kann, ähnlich, wenn auch nicht genau so, wie mit den endlichen natürlichen Zahlen.

Nun aber müssen wir das Erreichte mit kritischen Augen betrachten. Wenn in der Mathematik mit den Worten »es gibt« eine Existenz, mit den Worten »es gibt nicht« eine Nichtexistenz behauptet wird, so ist damit offenbar etwas ganz anderes gemeint, als wenn dies im täglichen Leben oder etwa in der Geographie oder in der Naturgeschichte geschieht. Machen wir uns das an Beispielen klar! Man weiß etwa seit den Tagen Platos: Es gibt regelmäßige Körper mit vier Seitenflächen (Tetraeder), mit sechs Seitenflächen (Hexaeder oder Würfel), mit acht Seitenflächen (Oktaeder), mit zwölf Seitenflächen (Dodekaeder) und mit zwanzig Seitenflächen (Ikosaeder). Andere regelmäßige Körper als die fünf eben genannten gibt es nicht. Offenbar ist doch mit diesem mathematischen »es gibt«, »es gibt nicht« etwas ganz anderes gemeint, als wenn z. B. in der Geographie behauptet wird: es gibt Berge von über achttausend Meter Höhe, es gibt keine Berge von zehntausend Meter Höhe. Denn obwohl die Mathematik lehrt, daß es Würfel und Ikosaeder gibt, so gibt es in dem Sinne, in dem es Berge von über achttausend Meter Höhe gibt, nämlich in der physischen Welt, keine Würfel und keine Ikosaeder; denn das schönste Steinsalzkristall wird doch nicht genau ein Würfel im mathematischen Sinne sein, und ein noch so gut hergestelltes Ikosaedermodell wird doch nicht ein Ikosaeder im mathematischen Sinne sein. Während es nun ziemlich klar ist, was die Wissenschaften, die von der physischen Welt handeln, meinen, wenn sie »es gibt« sagen, ist zunächst gar nicht recht klar, was die Mathematik damit meint. Und in der Tat herrscht darüber unter den Fachleuten, Mathematikern und Philosophen keineswegs Einigkeit. Es wurden da sehr viele verschiedene Meinungen vertreten, fast möchte man sagen: quot capita – tot sententiae; aber geht man aufs Wesentliche, so kann man wohl sagen, daß es im ganzen drei verschiedene Standpunkte gibt, die ich nun kurz schildern will. Den ersten können wir als den *realistischen* oder den *Platonischen Standpunkt* bezeichnen. Er lehrt: Die Objekte der Mathematik haben reale Existenz in einer Welt der Ideen; diese Ideenwelt ist keineswegs identisch mit der physischen Welt, welche vielmehr nur ein unvollkommenes und entstelltes Abbild der Ideenwelt ist (darum gibt es in der physischen Welt keine genauen Würfel, wohl aber in der Welt der Ideen). Während wir mit den Sinnen nur die physische Welt erfassen können, erfassen wir im Denken die Welt der Ideen. Einem mathematischen Begriffe kommt Existenz zu, wenn ihm ein reales Objekt in der Welt der Ideen entspricht; ein mathematischer Satz ist wahr, wenn er das reale Verhalten der entsprechenden Objekte in der Ideenwelt richtig wiedergibt. Der zweite Standpunkt, den wir den *intuitionistischen* oder *Kantschen Standpunkt* nennen können, lehrt: Wir haben eine reine Anschauung. Mathematik ist Konstruktion in reiner Anschauung, und einem mathematischen Begriffe kommt Existenz zu, wenn er in reiner Anschauung konstruierbar ist. Es handelt sich da um eine philosophische Formulierung einer Auffassung, die man populär etwa so formulieren möchte: Wenn es schon in der physischen Welt keinen genauen Würfel gibt, so kann ich mir einen genauen Würfel doch wenigstens vorstellen. Den dritten Standpunkt wird man am besten den *logischen Standpunkt* nennen: wollte man ihn historisch auf seine Wurzeln zurück verfolgen, so könnte man ihn wohl an die Nominalistenschule der scholastischen Philosophie knüpfen und daher auch den *nominalistischen* Standpunkt nennen. Er lehrt: Die Mathematik ist eine rein logische Disziplin, spielt sich also wie die Logik durchaus innerhalb der Sprache ab; mit irgendeiner Realität, mit irgendeiner reinen Anschauung hat sie gar nichts zu tun: vielmehr handelt sie lediglich vom Gebrauch von Zeichen, von Symbolen. Zeichen, Symbole aber können wir verwenden, wie wir wollen, nach Regeln, die wir selbst stellen, nur dürfen wir uns dabei niemals in Widerspruch zu diesen selbst gestellten Regeln setzen. Letztes Kriterium mathematischer Existenz ist also die *Widerspruchsfreiheit:* Mathematische Existenz kann jedem Begriffe zugeschrieben werden, dessen Gebrauch uns nicht in Widerspruch verwickelt.

Nehmen wir nun in aller Kürze zu diesen Standpunkten kritisch Stellung. Vor zwei Jahren habe ich mich an eben dieser Stelle[7] bemüht, darzulegen, daß der erste, der realistische Standpunkt unhaltbar ist, weil er dem Denken Fähigkeiten zuschreibt, die es nicht besitzt: unser Denken besteht in tautologischem Umformen, zum Erfassen einer Realität ist es außerstande. Plato selbst hat denn auch eine mystische Rückerinnerung (Anamnesis) unserer Seele an einen Zustand angenommen, in dem sie die Ideen gewissermaßen von Angesicht zu Angesicht schaute. Jedenfalls: Dieser erste Standpunkt ist ein durchaus metaphysischer und erscheint völlig ungeeignet zur Begründung der Mathematik; nichtsdestoweniger richtet er auch heute noch, wenn auch oft unbewußt, in der mathematischen Grundlagenforschung manche Verwirrung an.

Was den zweiten, den intuitionistischen Standpunkt anlangt, so habe ich mich im Vortragszyklus des vergangenen Jahres[8] bemüht, darzulegen, daß es so etwas wie eine reine Anschauung überhaupt nicht gibt. Kant selbst hat ihr noch einen sehr weiten Umfang zuerkannt, der sich angesichts der Entwicklung der Mathematik seit jenen Tagen unmöglich aufrecht erhalten ließ; neuere Anhänger dieses zweiten Standpunktes sind denn auch in dieser Hinsicht viel bescheidener geworden. Aber was diese angebliche reine Anschauung nun eigentlich leisten kann und was nicht, was ihr gemäß ist und was nicht, darüber herrscht unter den Anhängern dieses Standpunktes keinerlei Einigkeit. Das zeigt sich sehr deutlich bei der uns hier interessierenden Frage: Gibt es unendliche Mengen, unendliche Zahlen? Einige Intuitionisten sagen da: Beliebig große natürliche Zahlen können wohl in reiner Anschauung konstruiert werden, die Menge *aller* natürlichen Zahlen aber nicht; sie leugnen daher die Existenz irgendeiner unendlichen Menge. Andere meinen, daß auch die Menge aller natürlichen Zahlen in reiner Anschauung konstruierbar sei, aber

---

7 Im Vortragszyklus zugunsten der Errichtung eines Grabdenkmales für Ludwig Boltzmann. Dieser Vortrag ist erschienen unter dem Titel: H. Hahn, Logik, Mathematik und Naturerkennen (Einheitswissenschaft, Heft 2, Wien, Gerold, 1933), hier Kapitel IX.
8 Krise und Neuaufbau in den exakten Wissenschaften (Leipzig u. Wien, Deuticke, 1933): H. Hahn, Die Krise der Anschauung, hier Kapitel VII.

keine unabzählbar unendliche Menge; sie behaupten also die Existenz abzählbar unendlicher Mengen und leugnen die Existenz unabzählbar unendlicher Mengen (insbesondere die der Menge aller reellen Zahlen). Wieder andere schreiben auch gewissen unabzählbaren Mengen Konstruierbarkeit und damit Existenz zu. Man sieht, daß dieser zweite Standpunkt auf recht schwankender Grundlage ruht; in krassem Gegensatze dazu steht die Schroffheit, mit der die Anhänger dieses Standpunktes alles, was ihrer subjektiven Meinung nach nicht in reiner Anschauung konstruierbar ist, für sinnlos erklären.

Nach dieser Ablehnung der beiden ersten Standpunkte müssen wir uns also auf den dritten, den logistischen Standpunkt stellen.

Bevor wir aber nun die uns interessierende Frage: »Gibt es unendliche Mengen, unendliche Zahlen?« vom logistischen Standpunkt aus besprechen, wird es vielleicht zweckmäßig sein, den Unterschied der drei Standpunkte an einer anderen Fragestellung zu verdeutlichen, indem wir kurz besprechen, wie sich das schon oben erwähnte Auswahlaxiom von jedem der drei Standpunkte ausnimmt. Ein Vertreter des *realistischen* Standpunktes würde sagen: Ob wir in der Logik das Auswahlaxiom anzunehmen oder abzulehnen haben, hängt davon ab, wie die Realität eingerichtet ist: ist sie so eingerichtet, wie das Auswahlaxiom es sagt, so haben wir es anzuerkennen, ist sie nicht so eingerichtet, so haben wir es abzulehnen. Leider wissen wir nicht, welches von beiden der Fall ist, und bei der Mangelhaftigkeit unserer Erkenntnismittel werden wir es bedauerlicherweise auch nie wissen. Ein Vertreter des *intuitionistischen* Standpunktes würde wohl so sagen: Wir müsen uns besinnen, ob eine Menge, wie sie das Auswahlaxiom verlangt, also eine Menge, die mit jeder Menge eines gegebenen Mengensystems genau ein Element gemein hat, durch Konstruktion in reiner Anschauung erzeugt werden kann; dazu müßte ich aus jeder Menge des gegebenen Mengensystems ein Element auswählen; besteht dieses Mengensystem aus unendlich vielen Mengen, so wären dazu unendlich viele einzelne Akte erforderlich, was nicht durchführbar ist; das Auswahlaxiom ist also abzulehnen. Ein konsequenter Vertreter des *logistischen* Standpunktes aber wird sagen: Wenn wirklich das Auswahlaxiom von den übrigen Prinzipien der Logik unabhängig ist, d. h. wenn sowohl die Aussage des Auswahlaxioms als auch die gegenteilige

Aussage mit den übrigen logischen Prinzipien verträglich ist, dann können wir es nach Belieben anerkennen oder durch ein gegenteiliges ersetzen, d. h. wir können sowohl eine Mathematik treiben, in der das Auswahlaxiom als Schlußprinzip benützt wird, eine »Zermelosche Mathematik«, als auch eine Mathematik, in der ein gegenteiliges Axiom zugrunde gelegt wird, eine »nicht-Zermelosche Mathematik«. Mit dem Verhalten der Realität aber, wie die Realisten das meinen, oder mit reiner Anschauung, wie die Intuitionisten das meinen, hat die ganze Frage nichts zu tun. Es handelt sich vielmehr darum, in welchem Sinne wir uns entschließen wollen, das Wort »Menge« zu verwenden: Es handelt sich um eine Festlegung über die Syntax des Wortes »Menge«.

Kehren wir zurück zu dem uns eigentlich beschäftigenden Problem und überlegen wir: Wie wird sich ein Vertreter des logistischen Standpunktes zur Frage stellen: Gibt es unendliche Mengen, unendliche Zahlen? Er wird etwa sagen: Unendliche Mengen, unendliche Zahlen gibt es, falls mit diesen Termen widerspruchsfrei operiert werden kann. Wie also steht es mit dieser Widerspruchsfreiheit?

Nun wurde tatsächlich wiederholt von philosophischer Seite gegen Cantors Schöpfung der Vorwurf erhoben, sie führe zu Widersprüchen. Ein solcher Einwand z. B. lautet: »Nach Cantor ist die Menge aller natürlichen Zahlen gleichzählig mit der Menge der geraden Zahlen; das aber widerspricht dem Axiom: Das Ganze kann niemals gleich einem seiner Teile sein.« Wir müssen uns, um diesen Einwand zu widerlegen, fragen: Was kann der Sinn dieses angeblichen Axioms sein? Gewiß nicht die Behauptung, daß die Realität so beschaffen ist, wie dieses Axiom es sagt; das wäre ein Rückfall in den metaphysischen realistischen Standpunkt. Sein Sinn könnte vielmehr nur der einer syntaktischen Festsetzung sein, in welcher Weise wir die Worte »Ganzes«, »Teil«, »gleich« verwenden wollen. Und da muß man feststellen, daß diese Festsetzung weder dem Sprachgebrauch in der Umgangssprache noch dem in der Sprache der Wissenschaft völlig entsprechen würde. Man kann doch z. B. nach allgemeinem Sprachgebrauch sicher sagen, daß ein Ganzes hinsichtlich der Farbe gleich einem Teile sein kann – warum soll es verboten sein, zu sagen, daß ein Ganzes hinsichtlich der Anzahl gleich einem seiner Teile sei? Tatsächlich wird das genannte Axiom auch weder beim Aufbau der Logik noch bei dem der Mathematik verwendet. Ein Widerspruch liegt hier also keinesfalls vor, sondern es liegt nur das vor, daß die unendlichen Mengen in der in Rede stehenden Hinsicht ein anderes Verhalten zeigen, als man es von den endlichen Mengen her gewohnt ist: Eine endliche Menge kann nicht gleichzahlig einem ihrer Teile sein, eine unendliche Menge aber kann das. Es läßt sich sogar zeigen, daß jede unendliche Menge Teile hat, mit denen sie gleichzahlig ist, so daß man – wie Dedekind das tat – dieses Verhalten geradezu zur Definition des Begriffes »unendliche Menge« verwenden kann.

Noch viele andere Widersprüche glaubte man in den Begriffen der unendlichen Menge, der unendlichen Zahlen finden zu können. Wie im eben besprochenen Falle laufen diese Einwände gewöhnlich darauf hinaus, zu zeigen, daß gewisse Eigenschaften, die den endlichen Mengen, den endlichen Zahlen notwendig anhaften, den unendlichen Mengen und Zahlen nicht zukommen (z. B.: Jede Anzahl muß entweder gerade oder ungerade sein. Cantors transfinite Kardinalzahlen aber sind weder gerade noch ungerade; oder: Jede Anzahl muß durch Addition der Zahl 1 vergrößert werden, für Cantors transfinite Kardinalzahlen aber trifft das nicht zu). Daß aber die transfiniten Anzahlen teilweise andere Eigenschaften haben als die endlichen, ist kein Widerspruch, es ist nicht einmal verwunderlich, ja es muß sogar so sein; denn würden sie sich in nichts von den endlichen Anzahlen unterscheiden, so wären sie eben endliche und nicht transfinite Anzahlen: auch wenn man eine neue Tierart entdeckt, wird sie sich irgendwie von den bekannten unterscheiden, denn sonst wäre sie eben keine neue Art. Was von allen diesen Argumentationen als allein sinnvoll zurückbleibt, ist nur die Frage: Unterscheiden sich etwa die Begriffe, die man in der Mengenlehre transfinite Zahlen nennt, so stark von dem, was man bis dahin Zahlen nannte, daß es unzweckmäßig ist, auch sie als Zahlen zu bezeichnen? Das kann man natürlich halten, wie man will, das ist – wie so viele sogenannte philosophische Probleme – eine bloße Frage der Terminologie, und gerade um solchen nur terminologischen Streitigkeiten auszuweichen, hat Cantor seinen transfiniten Kardinalzahlen auch den neutraleren, weniger belasteten Namen »Mächtigkeiten« gegeben; uns aber mutet dieser Streit ebenso an, wie der in früheren Zeiten ausgefochtene Streit, ob »eins« eine Anzahl sei, oder ob die Anzahlen erst bei »zwei« beginnen.

Stellen wir nur fest: Die Terminologie »transfinite Zahlen« hat sich als durchaus zweckentsprechend erwiesen.

Mit Einwendungen dieser Art konnte denn Cantor leicht fertig werden, sie vermochten nicht, sein Gebäude zu erschüttern. Aber dadurch, daß man einige unzulängliche Beweise vermeintlicher Widersprüche widerlegt, ist noch nicht die Widerspruchsfreiheit erwiesen. Und es haben sich tatsächlich in Cantors Gebäude auch ernste Widersprüche ergeben, freilich nicht von so simpler Art wie die vermeintlichen Widersprüche, über die wir uns eben unterhielten. Es zeigten sich Widersprüche bei gewissen allzu umfassenden Mengenbildungen, wie der Menge aller Gegenstände, der Menge aller Mengen, der Menge aller unendlichen Anzahlen. Als Quelle dieser Widersprüche aber erwies sich nicht der Unendlichkeitsbegriff als solcher, diese Quelle lag vielmehr in gewissen Mängeln der klassischen Logik: Es wurde eine Reform der Logik nötig, über die Herr Menger im Vortragszyklus des vergangenen Jahres[9] sprach. Sie bestand hauptsächlich in einer vorsichtigeren Verwendung des Wortes »alle«, wie sie in Russells Theorie der logischen Typen[10] gelehrt wird. So gelang es, alle bekannten Widerprüche, die sich in der Mengenlehre gezeigt hatten, aufzuklären und zu vermeiden. Im heutigen Aufbau der Mengenlehre ist ein Widerspruch nicht mehr bekannt.

Aber daraus, daß kein Widerspruch bekannt ist, folgt nicht, daß keiner vorhanden ist, ebensowenig wie daraus, daß im Jahre 1900 noch kein Okapi bekannt war, folgen konnte, daß es kein Okapi gibt. Und hier erhebt sich nun die Frage: wie kann überhaupt ein Widerspruchsfreiheitsbeweis geführt werden? Auch über diese Frage hat Herr Menger im vorjährigen Vortragszyklus gesprochen. Allem Anscheine nach ist dazu zu sagen: *Absolute* Widerspruchsfreiheitsbeweise gibt es nicht; jeder Widerspruchsfreiheitsbeweis ist *relativ*, er kann nur die Widerspruchsfreiheit eines Systems auf die eines anderen zurückführen. Ist aber diese Erkenntnis nicht deletär für den logistischen Standpunkt, der mathematische Existenz auf Widerspruchsfreiheit gründen will? Ich glaube nein! Es zeigt sich nur eben auch hier wie überall, daß die

9 Krise und Neuaufbau in den exakten Wissenschaften. K. Menger: Die neue Logik.

10 Vgl. A. N. Whitehead und B. Russell, Principia Mathematica Vol. I (Sec. ed., Cambridge 1925), S. 37 ff. (Deutsche Übersetzung unter dem Titel: Einführung in die mathematische Logik, München–Berlin, Drei Masken-Verlag, 1932).

Forderung nach einem absolut gesicherten Wissen eine überspannte Forderung ist – es gibt auf gar keinem Gebiete ein absolut gesichertes Wissen! Auch die von manchen Philosophen herangezogene sogenannte Evidenz der inneren Wahrnehmung bei einer Aussage wie »ich sehe jetzt etwas Weißes« liefert kein absolut sicheres Wissen. Indem ich den Satz »ich sehe etwas Weißes« formuliere und statuiere, bezieht er sich schon auf Vergangenes und ich kann nie wissen, ob in der auch noch so kurzen verflossenen Zeit mich mein Gedächtnis nicht getrogen hat.

Einen absoluten Widerspruchsfreiheitsbeweis für die Mengenlehre und damit einen Beweis für die mathematische Existenz unendlicher Mengen und unendlicher Zahlen gibt es also nicht. Einen solchen gibt es aber auch nicht für die Arithmetik der endlichen Zahlen, ja nicht einmal für die einfachsten Teile der Logik. Tatsache aber ist, daß ein Widerspruch im System der Mengenlehre nicht bekannt ist, und daß auch nicht die Spur eines Indizes zu sehen ist, daß ein solcher Widerspruch vorhanden sein könnte. Wir können mit angenähert derselben Sicherheit, mit der wir den endlichen Zahlen mathematische Existenz zubilligen, sie auch den unendlichen Mengen und Cantors transfiniten Zahlen zubilligen.

Wir haben bisher nur die Frage behandelt, ob es unendliche Mengen, unendliche Anzahlen gibt; nicht minder wichtig scheint aber die Frage, ob es unendliche *Ausdehnungen* gibt. Gewöhnlich wird sie so gestellt: *Ist der Raum unendlich?* Behandeln wir auch diese Frage zunächst vom rein mathematischen Standpunkt!

Da müssen wir sogleich sagen, daß in der Mathematik sehr verschiedene Arten von Räumen betrachtet werden. Uns interessieren hier einzig die sogenannten Riemannschen Räume, über die Herr Nöbeling im Vortragszyklus des Vorjahres ausführlich gesprochen hat[11], und zwar interessieren uns insbesondere die dreidimensionalen Riemannschen Räume. Auf ihre genaue Definition kommt es uns hier nicht an; es genügt uns, folgendes festzuhalten: Ein solcher Riemannscher Raum ist eine Menge von Elementen, Punkte genannt, in der gewisse Teilmengen, Linien genannt[12], betrachtet werden; jeder solchen Linie kann durch ein

---

11 Krise und Neuaufbau in den exakten Wissenschaften. G. Nöbeling, Die vierte Dimension und der krumme Raum.

12 Der Einfachheit halber verwende ich hier und im Folgenden das Wort »Linie« statt der in der Mathematik üblichen Bezeichnung »einfacher Kurvenbogen«.

Rechenverfahren eine positive Zahl, die Länge dieser Linie genannt, zugeordnet werden und unter diesen Linien gibt es solche, von denen jedes hinlänglich kleine Stück *AB* kleinere Länge hat als jede andere dieselben Punkte *A*, *B* verbindende Linie; diese Linien heißen die *geodätischen* oder auch *geraden* Linien des betreffenden Raumes. Es kann nun sein, daß es im betrachteten Riemannschen Raume gerade Linien von beliebig großer Länge gibt; dann werden wir sagen, der betreffende Raum hat *unendliche Ausdehnung;* es kann aber auch sein, daß im betrachteten Riemannschen Raume die Länge aller geraden Linien unter einer festen Zahl bleibt; dann werden wir sagen, der betreffende Raum hat *endliche Ausdehnung.* Bis Ende des 18. Jahrhunderts war nur ein einziger mathematischer Raum bekannt, der deshalb »der Raum« schlechthin genannt wurde; es ist der Raum, dessen Geometrie in allen Schulen gelehrt wird, und der heute als der *euklidische* Raum bezeichnet wird, nach dem griechischen Mathematiker Euklid, der als erster die Geometrie dieses Raumes systematisch entwickelt hat; er ist im Sinne unserer Definition von *unendlicher* Ausdehnung.

Es gibt aber sehr wohl auch dreidimensionale Riemannsche Räume *endlicher* Ausdehnung; die bekanntesten sind die sogenannten *sphärischen* (und die mit ihnen nahe verwandten elliptischen) Räume, die dreidimensionale Analoga einer Kugeloberfläche sind. Eine Kugeloberfläche kann als zweidimensionaler Riemannscher Raum aufgefaßt werden, dessen geodätische oder »gerade« Linien die Bögen von Großkreisen sind (ein Großkreis einer Kugel ist ein Kreis, der aus der Kugel durch eine Ebene herausgeschnitten wird, die durch den Kugelmittelpunkt hindurchgeht, wie z. B. der Äquator und die Meridiane auf der Erdkugel). Ist r der Radius der Kugel, so ist der volle Umfang eines Großkreises gegeben durch $2r\pi$; kein Großkreisbogen kann also größere Länge haben als $2r\pi$, d. h. die Kugel, als zweidimensionaler Riemannscher Raum betrachtet, ist ein Raum endlicher Ausdehnung. Ganz analog geht es im dreidimensionalen sphärischen Raume zu; auch er ist ein Raum endlicher Ausdehnung; trotzdem aber hat er keinerlei Grenzen, er ist unbegrenzt, so wie eine Kugeloberfläche unbegrenzt ist; man kann auf einer seiner Geraden immer weiter wandern, ohne je durch eine Grenze des Raumes aufgehalten zu werden; nur kommt man nach endlicher Zeit an den Ausgangspunkt zurück, ganz ebenso wie auf einer Kugeloberfläche, wenn man auf einem Großkreise immer weiter und weiter wandert. So wie auf der Erdoberfläche eine Erdumseglung, so kann also in einem sphärischen Raume eine Raumumseglung durchgeführt werden.

Wir sehen also: Im mathematischen Sinne gibt es Räume unendlicher Ausdehnung (z.B. den euklidischen Raum) und Räume endlicher Ausdehnung (z.B. die sphärischen und elliptischen Räume). Das ist aber gar nicht das, was die meisten Menschen interessiert, wenn sie fragen: »Ist der Raum unendlich?« Das, wonach sie da fragen, ist vielmehr dies: Ist der Raum, in dem sich unsere Erfahrung, in dem sich das physische Geschehen abspielt, ist der Raum der physischen Welt von endlicher oder unendlicher Ausdehnung?

Solange man keinen anderen mathematischen Raum als den euklidischen kannte, war man selbstverständlich der Ansicht, der Raum der physischen Welt sei der unendlich ausgedehnte euklidische Raum, und Kant hat diese Auffassung ganz explizit formuliert; seiner Meinung nach ist die Einordnung unserer Beobachtungen in den euklidischen Raum eine Anschauungsnotwendigkeit, die Ausgangssätze der euklidischen Geometrie sind synthetische Urteile a priori.

Aber als man darauf kam, daß rein mathematisch auch andere Räume als der euklidische existieren, d.h. widerspruchsfrei sind, erhoben sich naturgemäß Zweifel, ob es wirklich so apodiktisch sicher sei, daß der Raum der physischen Welt der euklidische Raum sei, und es entstand die Meinung, es sei eine Frage der Erfahrung, also eine Frage, die durch das Experiment entschieden werden müsse, ob der Raum der physischen Welt der euklidische ist oder nicht. Gauß hat denn auch tatsächlich solche Experimente angestellt. Seit H. Poincaré, dem größten Mathematiker am Ende des 19. Jahrhunderts, wissen wir, daß die Frage, so gestellt, keinen Sinn hat.[13] Es steht in weitem Maße in unserer Willkür, in was für einen mathematischen Raum wir unsere Beobachtungen einordnen wollen. Die Frage gewinnt erst einen Sinn, wenn etwas darüber festgesetzt wird, *wie* diese Einordnung vorgenommen werden soll. Das Wesentliche an einem Riemannschen Raume ist nun die Art und Weise, wie in ihm jeder Linie

---

13 H. Poincaré, La science et l'hypothèse (Paris, Flammarion. Deuxième partie: L'espace). Deutsche Ausgabe (mit erläuternden Anmerkungen von F. und L. Lindemann): Wissenschaft und Hypothese (Leipzig, Teubner, 1906).

eine Länge zugewiesen wird, d. h. wie in ihm Längen gemessen werden. Setzen wir fest, daß die Längenmessungen im Raume des physischen Geschehens so vorgenommen werden sollen, wie es seit Urzeiten tatsächlich geschieht, nämlich durch Aneinanderlegen sogenannter »starrer« Maßstäbe, dann bekommt die Frage, ob der in dieser Weise zu einem Riemannschen Raum gemachte Raum des physischen Geschehens ein euklidischer oder nichteuklidischer Raum ist, einen Sinn; und dasselbe gilt von der Frage, ob er von unendlicher oder endlicher Ausdehnung ist.

Die vielleicht manchem auf der Zunge liegende Antwort: »Selbstverständlich wird durch diese Art des Messens der physische Raum zu einem mathematischen Raum von unendlicher Ausdehnung« wäre etwas voreilig. Um ein paar Worte zu dieser Problemstellung sagen zu können, müssen wir eine kurze, ganz simple mathematische Erörterung vorausschicken. Der euklidische Raum ist dadurch charakterisiert, daß in ihm die Summe der drei Winkel eines Dreiecks 180 Grad beträgt, in einem sphärischen Raume ist die Winkelsumme in jedem Dreiecke größer als 180 Grad, und der Überschuß über 180 Grad ist um so größer, je größer das Dreieck ist. Beim zweidimensionalen Analogon eines sphärischen Raumes, der Kugeloberfläche, sieht man das anschaulich vor sich: die Rolle der geradlinigen Dreiecke des sphärischen Raumes spielen, wie schon besprochen, auf der Kugeloberfläche die Dreiecke aus Großkreisbogen, und es ist eine sehr bekannte Tatsache der Elementargeometrie, daß die Winkelsumme in einem solchen sphärischen Dreiecke größer als 180 Grad ist, und daß der Überschuß um so größer ist, je größer der Flächeninhalt des Dreieckes ist. Vergleicht man ferner auf verschieden großen Kugeln sphärische Dreiecke gleichen Flächeninhaltes, so sieht man sofort, daß der Überschuß der Winkelsumme über 180 Grad um so größer ist, je kleiner der Durchmesser der Kugel, d. h. je größer die Krümmung der Kugel ist. Das gab Anlaß zur Einführung folgender Terminologie (und zwar handelt es sich dabei lediglich um eine *Terminologie,* hinter der sich gar nichts Geheimnisvolles verbirgt): Man nennt einen mathematischen Raum *gekrümmt,* wenn es in ihm Dreiecke gibt, deren Winkelsumme von 180 Grad abweicht, und zwar positiv gekrümmt, wenn in ihm – wie in den elliptischen und sphärischen Räumen – die Winkelsumme in allen Dreiecken größer als 180 Grad ist, negativ gekrümmt, wenn sie kleiner als 180 Grad ist –

wie dies in den von Bolyai und Lobatschefsky entdeckten »hyperbolischen« Räumen der Fall ist.

Aus den mathematischen Ansätzen von Einsteins *allgemeiner Relativitätstheorie* ergibt sich nun, daß bei Zugrundelegung der vorhin besprochenen Art des Messens der Raum in der Umgebung gravitierender Massen in einem »Gravitationsfelde« gekrümmt sein muß.[14] Das einzige uns unmittelbar zugängliche Gravitationsfeld, das der Erde, ist viel zu schwach, um das direkt nachprüfen zu können; auf indirektem Wege aber, nämlich durch die Abdeckung der Lichtstrahlen im viel stärkeren Gravitationsfelde der Sonne, die bei totalen Sonnenfinsternissen festgestellt wurde, konnte dies bestätigt werden. Soweit unsere heutigen Erfahrungen reichen, können wir also sagen: Machen wir durch die vorhin besprochene Art des Messens den Raum des physischen Geschehens zu einem mathematischen Riemannschen Raum, so wird dieser mathematische Raum gekrümmt sein, und zwar wird seine Krümmung von Ort zu Ort verschieden sein, größer in der Nähe gravitierender Massen und kleiner ferne von ihnen.

Nun zurück zu der uns hier beschäftigenden Frage! Können wir nunmehr auch etwas darüber aussagen, ob dieser Raum endliche oder unendliche Ausdehnung haben wird? Das bisher Besprochene reicht dazu noch nicht aus. Wir müssen vielmehr noch gewisse einigermaßen plausible Annahmen machen. Eine solche plausible Annahme ist die, die Massen seien im ganzen Weltraume im groben Durchschnitte ziemlich gleichmäßig verteilt, es herrsche im Weltraume im Durchschnitt räumlich konstante Massendichte. Die bisherigen Beobachtungen der Astronomen können damit wenigstens bei einigem guten Willen einigermaßen in Einklang gebracht werden. Natürlich kann es nur im groben Durchschnitte stimmen, etwa so, wie wir recht gut sagen können, ein Stück Eisen habe im Durchschnitt überall dieselbe Dichte, obwohl doch seine Masse in sehr vielen ganz kleinen Korpuskeln konzentriert ist, die durch Zwischenräume getrennt sind, die im Verhältnisse zur Größe dieser Korpuskeln riesenhaft sind, so wie die Sterne im Weltraum durch Zwischenräume getrennt sind, die

14 Man vergleiche zum Folgenden die leichtfaßliche Darstellung von A. Haas, Kosmologische Probleme der Physik (Leipzig, Akademische Verlagsgesellschaft, 1934), sowie die ausführliche, aber viel schwierigere Darstellung von H. Weyl, Raum, Zeit, Materie (5. Aufl., Berlin, Springer, 1923).

im Verhältnis zu ihrer Größe riesenhaft sind. Machen wir weiter die auch recht plausible Annahme, daß die Welt, im groben Durchschnitt genommen, stationär sei in dem Sinne, daß sich diese durchschnittlich konstante Massendichte unverändert erhält – so wie wir ein Stück Eisen doch als stationär ansehen, obwohl wir der Ansicht sind, daß die es zusammensetzenden Korpuskeln sich in lebhafter Bewegung befinden, so wie auch die Sterne im Weltraum in lebhafter Bewegung begriffen sind. Dann aber ergibt sich aus den Ansätzen der allgemeinen Relativitätstheorie, daß der mathematische Raum, in dem wir das physische Geschehen deuten wollen, im Durchschnitte überall dieselbe positive Krümmung aufweisen muß; ein solcher Raum ist aber, ebenso wie im zweidimensionalen die Kugeloberfläche, notwendig von endlicher Ausdehnung. Also: Wollen wir das physische Geschehen unter Zugrundelegung der bekannten Art der Längenmessung in einen mathematischen Raum einordnen, und machen wir die beiden besprochenen plausiblen Annahmen, dann kommen wir zum Schlusse, daß dieser Raum von *endlicher* Ausdehnung sein muß.

Ich sagte, daß die erste unserer Annahmen, die von der räumlich konstanten Massendichte, einigermaßen zu den Beobachtungen stimmt. Ist das auch mit der zweiten Annahme, der von der zeitlich konstanten Massendichte der Fall? Bis vor kurzem konnte man dieser Meinung sein. Nun scheinen aber gewisse astronomische Beobachtungen darauf hinzudeuten, daß – wieder im groben Durchschnitte gesprochen – alle Himmelskörper (Fixsterne und Nebelflecke) sich von uns entfernen, mit um so größerer Geschwindigkeit, je weiter sie von uns abstehen, die am weitesten von uns entfernten, die noch daraufhin untersucht werden konnten, mit geradezu phantastischen Geschwindigkeiten. Dann aber kann die durchschnittliche Massendichte der Welt unmöglich zeitlich konstant sein, sie muß vielmehr mit der Zeit immer geringer werden. Das würde bei Festhalten an den übrigen Zügen unseres Weltbildes besagen, daß wir den mathematischen Raum, in dem wir das physische Geschehen deuten, als zeitlich veränderlich annehmen müssen: In jedem Augenblicke wäre er ein Raum von im Durchschnitte konstanter positiver Krümmung, also von endlicher Ausdehnung, aber diese Krümmung nähme fortwährend ab, seine Ausdehnung also fortwährend zu. Eine solche Einordnung des physischen Geschehens in einen sich expandierenden Raum erweist sich als mathematisch durchaus möglich und in vollem Einklange mit der allgemeinen Relativitätstheorie.

Aber ist diese Deutung die einzig mögliche, die mit unserer bisherigen Erfahrung im Einklang steht, oder zeigen sich auch andere Deutungsmöglichkeiten? Ich sagte oben, die Annahme, der Weltraum sei im Durchschnitt überall gleich dicht mit Masse erfüllt, ließe sich leidlich gut mit den bisherigen astronomischen Beobachtungen in Einklang bringen; aber mit den astronomischen Beobachtungen steht auch die ganz andere Annahme nicht im Widerspruch, wir befänden uns mit unserem Fixsternsystem in einem Teile des Raumes, in dem eine stärkere Massenkonzentration statthat, während in größerer Entfernung von dieser Gegend des Raumes die Massenverteilung immer dünner wird; dann würden wir – immer bei Festhalten an der üblichen Art der Längenmessung – zur Einordnung des physischen Geschehens auf einen Raum geführt, der in der Gegend unseres Fixsternsystems eine gewisse Krümmung aufweist, die aber weiter draußen immer geringer und geringer wird.[15] Ein solcher Raum kann nun sehr wohl von unendlicher Ausdehnung sein. Und auch das Phänomen, daß die Sterne sich im Durchschnitt von uns wegbewegen, um so schneller, je weiter sie von uns entfernt sind, läßt sich so ganz einfach deuten:[16] Nehmen wir an, daß irgendeinmal viele, mit ganz verschiedenen Geschwindigkeiten begabte Massen sich in einem relativ kleinen Bezirk des Raumes, sagen wir in einer Kugel K, konzentriert fanden; sie werden sich dann im Verlaufe der Zeit, jede mit der ihr eigenen Geschwindigkeit, aus diesem Bezirk des Raumes herausbewegen, und nach Verlauf einer genügend langen Zeit werden diejenigen dieser Massen, die die größte Geschwindigkeit haben, sich schon am weitesten von der Kugel K entfernt haben, die mit geringeren Geschwindigkeiten begabten werden noch näher an K sein, und die mit den geringsten Geschwindigkeiten begabten werden noch ganz nahe an K oder noch innerhalb K sein; dann aber wird sich für einen Beobachter, der sich innerhalb K befindet oder wenigstens nicht allzuweit von K entfernt ist, gerade das Bild zeigen, das uns, wie

---

15 Man wird so auf mathematische Räume geführt, die dreidimensionale Analoga eines Rotationsparaboloides sind. Vgl. H. Weyl, a.a.O., S. 257.

16 Die folgende Deutung rührt her von E. A. Milne. Vgl. A. Haas, a.a.O., S. 59, und E. Freundlich, Die Naturwissenschaften 21 (1933), S. 54.

oben gesagt, die Sternenwelt darbietet: es werden sich im Durch-schnitte die Massen von ihm entfernen, und zwar gerade die am weitesten von ihm abstehenden mit der größten Geschwindigkeit. Und damit hätten wir eine Deutung in einem ganz anders gearte-ten mathematischen Raume wie früher, und zwar in einem *unendlich* ausgedehnten Raume.

Zusammenfassend können wir wohl sagen: Die Frage, »ist der Raum des physischen Geschehens unendlich oder endlich ausge-dehnt?« hat an sich keinen Sinn. Sie bekommt erst einen Sinn, wenn gewisse Forderungen an die Art der Einordnung des physi-schen Geschehens in einen mathematischen Raum gestellt wer-den. Und das läuft hinaus auf die Frage: »Eignet sich ein endlich oder unendlich ausgedehnter mathematischer Raum besser zur Einordnung des physischen Geschehens?« Auf diese Frage aber können wir beim heutigen Stande unseres Wissens keine einiger-maßen solid begründete Antwort geben. Es scheint, daß sich mathematische Räume von endlicher und von unendlicher Aus-dehnung etwa gleich gut zur Einordnung unseres bisherigen Beobachtungssystems eignen.

Vielleicht werden unentwegte Finitisten bei dieser Lage der Dinge sagen: »Dann ziehen wir die Deutung in einem Raume endlicher Ausdehnung vor, denn alles Unendliche ist uns nun einmal zuwider.« Das mögen sie halten, wie sie wollen, aber sie dürfen nicht glauben, daß sie damit allem Unendlichen entronnen sind. Denn auch die endlich ausgedehnten Riemannschen Räume enthalten unendlich viele Punkte und auch der mathematische Ansatz für die Zeit ist so, daß jedes noch so kleine Zeitintervall unendlich viele Zeitpunkte enthält.

Muß das so sein? Zwingt uns irgend etwas dazu, unsere Erfah-rung in einem mathematischen Raume, in einer mathematischen Zeit zu deuten, die aus unendlich vielen Punkten bestehen? Ich glaube: Nein! Prinzipiell wäre sehr wohl eine Physik denkbar, in der es nur endlich viele Raumpunkte und endlich viele Zeit-punkte, also in der Sprache der Relativitätstheorie nur endlich viele Weltpunkte gibt. Ich glaube: keine Logik, keine Anschau-ung, keine Erfahrung kann je die Unmöglichkeit einer solchen wahrhaft finiten Physik dartun. Ich weiß nicht, ob die verschiede-nen Lehren von einer atomistischen Struktur der Materie, ob die heutige Quantenphysik die ersten Schatten sind, die eine künftige finite Physik vorauswirft. Wenn sie aber je käme, so wären wir nach einem ungeheuren Kreislaufe zu einem der Ausgangspunkte des abendländischen Denkens zurückgekehrt: zur pythagoräischen Lehre, daß alles in der Welt beherrscht wird durch die natürlichen Zahlen. Wenn der berühmte Lehrsatz vom rechtwinkligen Dreiecke den Namen des Pythagoras mit Recht trägt, so war es Pythagoras selbst, der seine Lehre, daß alles durch die natürlichen Zahlen beherrscht sei, in ihren Grundfesten erschütterte. Denn aus dem Lehrsatz vom rechtwinkligen Dreiecke folgt die Existenz von Strecken, die in irrationalem Verhältnis stehen, deren Verhältnis also nicht durch natürliche Zahlen ausdrückbar ist. Und da man nicht zwischen mathematischer Existenz und physischer Existenz unterschied, schien jede finite Physik unmöglich. Wenn man sich aber darüber klar ist, daß mathematische Existenz und physische Existenz Grundverschiedenes meinen, daß aus einer mathematischen Existenz niemals eine physische Existenz folgen kann, daß physische Existenz in letzter Linie nur durch Beobachtung dargetan werden kann, daß aber der mathematische Unterschied zwischen rational und irrational jede Beobachtungsmöglichkeit für immer transzendiert, dann wird man die prinzipielle Möglichkeit einer finiten Physik kaum leugnen können. Sei dem aber wie immer, mögen künftige Zeiten eine finite Physik bringen oder nicht, an der Möglichkeit, an der großartigen Schönheit einer *Logik* und einer *Mathematik* des Unendlichen wird dadurch nicht gerührt.

Logik, Mathematik und Naturerkennen*

Inhalt

I

Schon ein flüchtiger Blick auf die Sätze der Physik zeigt, daß sie offenbar von sehr verschiedener Natur sind. Da haben wir Sätze wie: »Wenn man eine gespannte Saite zupft, so hört man einen Ton«; »Läßt man einen Sonnenstrahl durch ein Glasprisma gehen, so sieht man auf einem dahinter stehenden Schirme ein farbiges, von dunklen Linien unterbrochenes Band«, die jederzeit unmittelbar durch Beobachtung kontrolliert werden können; wir haben aber auch Sätze wie: »In der Sonne gibt es Wasserstoff«; »Der Begleiter des Sirius hat etwa die Dichte 60 000«; »Ein Wasserstoffatom besteht aus einem positiv geladenen Kern, der von einem negativ geladenen Elektron umkreist wird«, die keineswegs durch unmittelbare Beobachtung kontrolliert werden können, die nur auf Grund theoretischer Erwägungen aufgestellt und auch nur mit Hilfe theoretischer Erwägungen kontrolliert werden. Und damit stehen wir vor der brennenden Frage: welches ist die gegenseitige Stellung von *Beobachtung* und *Theorie* in der Physik – und nicht nur in der Physik, sondern in der Wissenschaft überhaupt, denn es gibt nur *eine* Wissenschaft, und wo immer Wissenschaft getrieben wird, wird sie im letzten Grunde nach denselben Methoden getrieben; nur daß wir bei der Physik als der vorgeschrittensten, der saubersten, der wissenschaftlichsten Wissenschaft alles am klarsten sehen.[1] Und bei der

* Diese Arbeit gibt zwei Vorträge wieder, die im Frühjahr 1932 in einem Vortragszyklus zugunsten der Errichtung eines Grabdenkmales für Ludwig Boltzmann und im Herbst 1932 im *Verein Ernst Mach* in Wien gehalten wurden.
1 Diese These von der »Einheitswissenschaft« steht in Gegensatz zur Auffassung,

Physik sehen wir denn auch das Zusammenwirken von Beobachtung und Theorie am augenfälligsten vor uns, sogar behördlich anerkannt durch Systemisierung von eigenen Professuren für Experimentalphysik und für theoretische Physik.

Die übliche Auffassung ist nun wohl, ganz schematisch gesprochen, die: wir haben eben zwei Erkenntnisquellen, durch die wir »die Welt«, »die Realität«, in die wir »hineingestellt« sind, der wir »gegenübergestellt« sind, erfassen: die *Erfahrung*, die *Beobachtung* einerseits, das *Denken* andererseits; je nachdem man z. B. in der Physik gerade von der einen oder der anderen dieser beiden Erkenntnisquellen Gebrauch macht, treibt man Experimentalphysik oder theoretische Physik.

Seit altersher wogt nun in der Philosophie der Streit um diese beiden Erkenntnisquellen: Welche Teile unseres Wissens entstammen der Beobachtung, sind »a posteriori«, und welche entstammen dem Denken, sind »a priori«? Ist eine dieser beiden Erkenntnisquellen der anderen überlegen, und wenn ja, welche?

Schon in den Anfängen der Philosophie sehen wir Zweifel an der Zuverlässigkeit der *Beobachtung* auftreten (ja vielleicht sind diese Zweifel sogar die Quelle aller Philosophie). Daß solche Zweifel entstehen konnten, ist recht naheliegend: man glaubte sich in manchen Fällen durch die Sinneswahrnehmung getäuscht. Bei Morgen- oder Abendbeleuchtung sehen wir den Schnee auf fernen Bergen rot, aber »in Wirklichkeit« ist er doch weiß! Einen in Wasser gesteckten Stab sehen wir gebrochen, aber »in Wirklich-

die Wissenschaften zerfielen in Naturwissenschaften und Geisteswissenschaften, die sich prinzipiell gänzlich verschiedener Methoden bedienen. Gibt man dieser These die Form, jeder sinnvolle Satz über Tatsachen lasse sich in der Sprache der Physik ausdrücken, so wird sie als »Physikalismus« bezeichnet. Näheres hierüber:

O. Neurath. »Physikalismus« in Scientia 1931. S. 297 ff.

O. Neurath. »Physikalism: The Philosophy of the Viennese Circle«. The Monist. Oktober 1931, Seite 618.

O. Neurath. »Einheitswissenschaft und Psychologie«, Einheitswissenschaft, Heft 1; Gerold & Co. Wien 1933.

R. Carnap. »Die physikalische Sprache als Universalsprache der Wissenschaft«. Erkenntnis. Bd. II. S. 433. 1932.

Entsprechend der Tendenz der Sammlung »Einheitswissenschaft«, der *ersten Orientierung* des Lesers zu dienen, weicht die vorliegende Schrift möglichst wenig von der üblichen »inhaltlichen« Sprechweise ab, will dadurch aber keineswegs einen Gegensatz zu Carnaps Lehre von den Vorteilen einer »formalen« Sprechweise betonen.

keit« ist er doch gerade! Entfernt sich ein Mensch von mir, so sehe ich ihn immer kleiner und kleiner, aber »in Wirklichkeit« bleibt er doch gleich groß!

Obwohl nun alle die Phänomene, von denen ich eben sprach, längst in physikalische Theorien eingeordnet sind, und es keinem Menschen mehr einfällt, in ihnen eine Täuschung durch die Beobachtung zu erblicken, so wirken die Konsequenzen, die aus dieser primitiven, längst abgetanen Auffassung flossen, auch heute noch mächtig nach. Man sagt sich: wenn die Beobachtung manchmal täuscht, so täuscht sie vielleicht immer! Vielleicht ist alles, was uns die Sinne liefern, bloßer Schein, Lug und Trug! Jeder Mensch kennt das Phänomen des Traumes, und jeder Mensch weiß, wie schwer es gelegentlich ist, zu entscheiden, ob wir etwas »wirklich erlebt« oder »nur geträumt« haben; vielleicht ist alles, was wir beobachten, nur ein Traum? Jedermann weiß, daß Halluzinationen vorkommen, und daß sie so lebhaft sein können, daß der Betroffene nicht davon abzubringen ist, das Halluzinierte für »wirklich« zu halten; vielleicht ist alles, was wir beobachten, nur Halluzination? Blicken wir durch geeignet geschliffene Linsen, so sehen wir alles verzerrt; wer weiß, ob wir nicht, ohne es zu wissen, immerzu die Welt gewissermaßen durch verzerrende Gläser anblicken, und deshalb alles verzerrt sehen, anders als es wirklich ist? Das ist eines der Grundmotive der Philosophie Kants.[2]

2 Kant. Kritik der reinen Vernunft. Herausgeber Th. Valentiner, 12. Auflage, Meiner, Phil. Bibl. Bd. 37, Seite 95. (Allgem. Anmerkungen zur transzendentalen Ästhetik.)
»Wir haben also sagen wollen: daß alle unsere Anschauung nichts als die Vorstellung von Erscheinung sei; daß die Dinge, die wir anschauen, nicht das an sich selbst sind, wofür wir sie anschauen, noch ihre Verhältnisse so an sich selbst beschaffen sind, als sie uns erscheinen; und daß, wenn wir unser Subjekt oder auch nur die subjektive Beschaffenheit der Sinne überhaupt aufheben, alle die Beschaffenheit, alle Verhältnisse der Objekte in Raum und Zeit, ja selbst Raum und Zeit verschwinden würden, und als Erscheinungen nicht an sich selbst, sondern nur in uns existieren können. Was es für eine Bewandtnis mit den Gegenständen an sich und abgesondert von all dieser Rezeptivität unserer Sinnlichkeit haben möge, bleibt uns gänzlich unbekannt... Wenn wir diese unsere Anschauung auch zum höchsten Grade der Deutlichkeit bringen könnten, so würden wir dadurch der Beschaffenheit der Gegenstände an sich selbst nicht näher kommen. Denn wir würden auf alle Fälle doch nur unserer Art der Anschauung, d. i. unsere Sinnlichkeit vollständig erkennen und diese immer nur unter den dem Subjekt ursprünglich anhängenden Bedingungen von Raum und Zeit: was die Gegenstände an sich selbst sein mögen, würde uns durch die

Doch kehren wir zurück zu den alten Zeiten! Man glaubte sich, wie gesagt, in vielen Fällen durch die Beobachtung getäuscht; nie aber war mit dem Denken so etwas passiert: es gab *Sinnestäuschungen* in Hülle und Fülle, aber es gab keine *Denktäuschungen!* Und so mag, als das Vertrauen in die Beobachtung erschüttert war, die Meinung aufgekommen sein, im *Denken* hätten wir ein der Beobachtung unbedingt übergeordnetes, ja das einzig zuverlässige Erkenntnismittel: die Beobachtung liefert bloßen Schein, das Denken erfaßt das wahre Sein.

Diese, sagen wir kurz, »rationalistische« Lehre: das Denken sei die der Beobachtung überlegene, ja die einzig zuverlässige Erkenntnisquelle[3], blieb seit der Hochblüte der griechischen Philo-

aufgeklärteste Erkenntnis der Erscheinung derselben, die uns allein gegeben ist, doch niemals bekannt werden.«
Kant. Aus »Anhang«: »Von der Amphibolie der Reflexionsbegriffe...«, Kritik d. rein. Vern., Herausgeber Th. Valentiner, 12. Auflage, Meiner, Phil. Bibl. Bd. 37, Seite 296 ff.
»Was die Dinge an sich sein mögen, weiß ich nicht und brauche es nicht zu wissen, weil mir doch niemals ein Ding anders als in der Erscheinung vorkommen kann.« Oder Kant: »Prolegomena« zitiert nach Ausgabe 1749, § 36: »Wie ist Natur in materieller Bedeutung, nämlich der Anschauung nach, als der Inbegriff der Erscheinung, wie ist Raum und Zeit und das, was beide erfüllt, der Gegenstand der Empfindung, überhaupt möglich? Die Antwort ist: vermittels der Beschaffenheit unserer Sinnlichkeit, nach welcher sie auf die ihr eigentümliche Art, von Gegenständen, die ihr an sich selbst unbekannt, und von jenen Erscheinungen ganz unterschieden sind, gerührt wird.«

3 René Descartes, *»Betrachtungen über die Grundlagen der Philosophie«*, Reklam-Ausg., Seite 26: »Alles nämlich, was ich bis heute für das Allerwahrste hingenommen habe, empfing ich unmittelbar oder mittelbar von den *Sinnen*; diese aber habe ich bisweilen auf Täuschungen ertappt, und es ist eine Klugheitsregel, niemals denen volles Vertrauen zu schenken, die uns auch nur ein einziges Mal getäuscht haben.« Seite 44: »So erfasse ich also das, was ich mit den Augen zu sehen meinte, in Wahrheit nur durch das Urteilsvermögen, welches meinem Geiste innewohnt.« Seite 46: »Ich weiß jetzt, daß die Körper nicht eigentlich von den Sinnen oder von dem Vorstellungsvermögen, sondern von dem Verstande erfaßt werden, und zwar nicht, weil wir sie berühren und sehen, sondern lediglich, weil wir sie *denken*...«
Leibniz. Nouveaux Essais IV, Kap. IV, § 5.
»Übrigens ruht die Grundlage unserer Sicherheit in betreff der universellen und ewigen Wahrheiten in den Ideen selbst, unabhängig von den Sinnen, wie denn auch die reinen und intelligiblen Ideen in keiner Weise von den Sinnen abhängen, z. B. die des Seins, des Einen, des Selben etc. Aber die Ideen der Sinnenqualitäten, wie der Farbe, des Geruches etc. (die in der Tat nur Phantome sind) kommen von den Sinnen, d. h. aus unseren verworrenen Wahrnehmungen.«
Leibniz. Nouveaux Essais IV, Kap. XVII, § 3.
»Die Fähigkeit, die diese Verkettungen der Wahrheiten erfaßt, oder die Fähig-

sophie bis in die Neuzeit vorherrschend. Ich kann nicht einmal andeuten, welche absonderlichen Früchte am Baume dieser Erkenntnis reiften; jedenfalls aber: diese Früchte erwiesen sich als außerordentlich wenig nahrhaft; und so kam langsam, von England ausgehend, gestützt auf die mächtigen Erfolge der neuzeitlichen Naturwissenschaft, die »empirische« Gegenströmung hoch, welche lehrt, die Beobachtung sei die dem Denken überlegene, ja die einzige Erkenntnisquelle[4]: »nihil est in intellectu, quod non prius fuerit in sensu«, zu deutsch: »Nichts ist im Verstande, was nicht vorher in den Sinnen gewesen wäre.«

Aber diese empiristische Auffassung sieht sich bald einer scheinbar unüberwindlichen Schwierigkeit gegenüber: Wie soll sie von der Gültigkeit der logischen und mathematischen Sätze in der Wirklichkeit Rechenschaft geben? Die Beobachtung lehrt mich nur ein Einmaliges, sie greift nicht über das Beobachtete hinaus; es gibt kein Band, das von einer beobachteten Tatsache zu einer anderen führte, das künftige Beobachtungen zwänge, ebenso auszufallen wie schon gemachte – die Gesetze der Logik und Mathematik aber beanspruchen *absolut allgemeine* Gültigkeit: Daß die Türe meines Zimmers jetzt geschlossen ist, weiß ich durch Beobachtung, bei meiner nächsten Beobachtung wird sie

keit, zu denken, wird Vernunft genannt... Diese Fähigkeit nun wurde hienieden einzig und allein dem Menschen zuteil, nicht aber den übrigen Geschöpfen; denn ich habe schon oben gezeigt, daß der Schatten von Vernunft, der sich bei den Tieren zeigt, lediglich das Erwarten eines ähnlichen Ereignisses in einem Falle ist, der einem vergangenen Falle ähnlich ist, ohne daß sie wissen, ob derselbe Grund vorlag. Und die Menschen selbst handeln nicht anders in den Fällen, wo sie nur empirisch sind. Aber sie erheben sich über die Tiere, insofern sie die Verkettungen der Wahrheiten sehen; die Verkettungen, sage ich, die selbst wieder ewige und universelle Wahrheiten darstellen.«

4 John Locke. Versuch über den menschlichen Verstand, 1. Bd. Meiner 1913. II. Buch, Seite 101.

»Wir wollen also annehmen, der Geist sei, wie man sagt, ein unbeschriebenes Blatt ohne alle Eindrücke, frei von allen Ideen; wie werden ihm diese dann zugeführt? Wie gelangt er zu dem gewaltigen Vorrat von Ideen, womit ihn die geschäftige Phantasie des Menschen, die keine Schranken kennt, in nahezu unendlicher Mannigfaltigkeit beschrieben hat? Von wo hat er das gesamte *Material* für sein Denken und Erkennen? Ich antworte darauf mit einem einzigen Wort: aus der *Erfahrung*. Sie liegt unserem gesamten Wissen zu Grunde; aus ihr leitet es sich letzten Endes her. Unsere Beobachtung, die entweder auf äußere, sinnliche Objekte gerichtet ist, oder auf innere Bewußtseinsvorgänge, die wir wahrnehmen, und über die wir reflektieren, liefert unserem Verstand das gesamte *Material* des Denkens. Dies sind die beiden Quellen der Erkenntnis, aus denen alle Ideen entspringen, die wir haben oder naturgemäß haben können.«

vielleicht offen sein; daß erwärmte Körper sich ausdehnen, weiß ich durch Beobachtung, schon die nächste Beobachtung kann ergeben, daß ein erwärmter Körper sich nicht ausdehnt; daß aber zweimal zwei vier ist, gilt nicht nur in dem Falle, in dem ich es eben nachzähle, ich weiß bestimmt, daß es immer und überall gilt. Was ich durch Beobachtung weiß, könnte auch anders sein: Die Türe meines Zimmers könnte jetzt auch offen sein, ich kann mir das auch ohne weiteres vorstellen; ich kann mir auch ohne weiteres vorstellen, daß ein Körper sich bei Erwärmung nicht ausdehnt; es könnte aber nicht zweimal zwei gelegentlich auch fünf sein, ich kann mir keinerlei Vorstellung bilden, wie es zugehen müßte, daß zweimal zwei gleich fünf wäre.

Also: weil die Sätze der Logik und Mathematik absolut allgemein gelten, weil sie apodiktisch sicher sind, weil es so sein muß, wie sie sagen, und nicht anders sein kann, können diese Sätze nicht aus der Erfahrung stammen. Bei der ungeheuren Rolle, die Logik und Mathematik im Systeme unerer Erkenntnis spielen, scheint damit der Empirismus endgültig widerlegt. Wohl haben trotz alledem ältere Empiristen den Versuch gemacht, Logik und Mathematik auf die Erfahrung zu gründen[5]: Sie lehrten, auch alles logische und mathematische Wissen stamme aus der Erfahrung,

---

5 J. St. Mill. »System der deduktiven und induktiven Logik«. 4. Auflage 1877, Vieweg, Braunschweig. Seite 318.
»Nichtsdestoweniger wird bei näherer Betrachtung erhellen, ... daß in einem jeden Schritt einer arithmetischen oder algebraischen Berechnung eine wirkliche Induktion, eine wirkliche Folgerung von Tatsachen aus Tatsachen enthalten ist; daß dies einfach nur durch die umfassende Natur der Induktion und die daraus folgende äußerste Allgemeinheit der Sprache verdeckt wird ... Die wissenschaftliche Sprache macht also keine Ausnahme von dem Schluß, zu dem wir früher gelangten, daß sogar *die Prozesse der deduktiven Wissenschaften ganz induktiv, und daß ihre ersten Prinzipien Generalisationen aus der Erfahrung sind.*« (Kursiv vom Herausgeber.) Kennzeichnend für Mills Anschauungen sind auch die Kapitelüberschriften: »Alle deduktiven Wissenschaften sind induktiv.« »Die Sätze der Arithmetik sind nicht bloße wörtliche Urteile, sondern Generalisationen aus der Erfahrung.«
J. St. Mill. Logik 1. S. 294.
»Drei Steine in zwei getrennten Teilen und drei Steine in einem einzigen Haufen vereinigt, machen auf unsere Sinne nicht denselben Eindruck, und die Behauptung, daß dieselben Steine vermöge einer bloßen Änderung ihrer Anordnung und ihres Ortes bald den einen, bald den anderen Eindruck erzeugen können, ist nicht ein identischer Satz. Es ist eine Wahrheit, die durch lange und konstante Erfahrung erworben wurde, eine induktive Wahrheit, und auf solchen Wahrheiten beruht die Wissenschaft von den Zahlen. Die grundlegenden Wahrheiten dieser Wissenschaft beruhen alle auf dem Zeugnis der Sinne.«

nur handle es sich dabei um so uralte Erfahrung, um so unzäh-
ligemale wiederholte Beobachtungen, daß wir nun glaubten, es
müsse so sein und könne nicht anders sein; nach dieser Auffassung wäre es also durchaus denkbar, daß, so wie eine Beobachtung ergeben könnte, daß ein erwärmter Körper sich nicht ausdehnt, gelegentlich auch zweimal zwei fünf sein könnte, nur daß
uns dies bisher entgangen ist, weil es so ungeheuer selten vorkommt; und Abergläubische könnten vielleicht glauben, wenn es
schon Glück bringt, ein vierblättriges Kleeblatt zu finden, was
doch nicht einmal gar so selten vorkommt – wie glückverheißend
müßte es erst sein, wenn man auf einen Fall stößt, in dem zweimal
zwei gleich fünf ist! Man kann wohl sagen, daß bei näherem
Zusehen diese Versuche, Logik und Mathematik aus der Erfahrung herzuleiten, von Grund auf unbefriedigend sind, und es
dürfte heute kaum irgendwer diese Meinung ernstlich verfechten.

Waren so Rationalismus und Empirismus gleichermaßen geschei-
tert – der Rationalismus, weil seinen Früchten jeder Nährwert
mangelte, der Empirismus, weil er sich mit Logik und Mathematik nicht zurecht finden konnte – so gewannen *dualistische* Auffassungen die Oberhand, die lehrten: Denken und Beobachtung
sind zwei gleichberechtigte Erkenntnisquellen, die beide für uns
zum Erfassen der Welt unentbehrlich sind und jede ihre eigene
Rolle im Systeme unserer Erkenntnis spielen. Das *Denken* erfaßt
die allgemeinsten Gesetze alles Seins, wie sie etwa in Logik und
Mathematik niedergelegt sind; die *Beobachtung* füllt diesen Rahmen im einzelnen aus. Über die Grenzen, die den beiden Erkenntnisquellen gezogen sind, gehen die Meinungen auseinander.

So wird z. B. gestritten über die Frage, ob die Geometrie a priori
oder a posteriori sei, ob sie auf reinem Denken oder auf Erfahrung beruhe. Und bei einzelnen besonders grundlegenden physikalischen Gesetzen finden wir denselben Streit, z. B. beim Träg-
heitsgesetze, den Gesetzen von der Erhaltung der Masse und der
Energie, beim Gesetze von der Massenanziehung: Alle diese
Gesetze wurden schon von einzelnen Philosophen als a priori, als
Denknotwendigkeit reklamiert[6] – aber immer erst, nachdem sie

6 Vgl. z. B. Kant. Kritik der reinen Vernunft. Einleitung v, 2. Seite 62.
  »*Naturwissenschaft* (Phisica) *enthält synthetische Urteile a priori als Prinzipien in
  sich.* Ich will nur ein paar Sätze zum Beispiel anführen, als den Satz: daß in allen

von der Physik als empirische Gesetze aufgestellt worden waren und sich gut bewährt hatten. Das mußte skeptisch stimmen, und tatsächlich ist unter Physikern wohl die Tendenz vorherrschend, den durch das Denken erfaßten Rahmen möglichst weit, möglichst allgemein anzunehmen, und für alles einigermaßen Konkretere die Erfahrung als Erkenntnisquelle anzuerkennen.

Die übliche Auffassung kann man dann etwa so schildern: Aus der Erfahrung entnehmen wir gewisse Tatsachen, die wir als »Naturgesetze« formulieren; da wir aber durch das Denken die allgemeinsten in der Realität herrschenden gesetzmäßigen Zusammenhänge (logischer und mathematischer Natur) erfassen, so beherrschen wir auf Grund der der Beobachtung entnommenen Tatsachen die Natur in viel weiterem Umfange, als sie beobachtet wurde: wir wissen nämlich, daß sich auch alles realisiert finden muß, das aus Beobachtetem durch Anwendung von Logik und Mathematik gefolgert werden kann. Der Experimentalphysiker verschafft uns nach dieser Auffassung durch direkte Beobachtung Kenntnis von Naturgesetzen; der theoretische Physiker erweitert dann durch das Denken diese Kenntnisse in ungeheurem Maßstabe, so daß wir in der Lage sind, auch Aussagen zu machen über Vorgänge, die sich weit von uns in Raum und Zeit entfernt abspielen, und über Vorgänge, die sich durch ihre Größe oder ihre Kleinheit jeder direkten Beobachtung entziehen, die aber an das direkt Beobachtete gekettet sind durch die allgemeinsten, im Denken erfaßten Gesetze alles Seins, die Gesetze der Logik und der Mathematik. Eine mächtige Stütze scheint diese Auffasung zu finden durch die zahlreichen auf theoretischem Wege gemachten Entdeckungen, wie – um nur einige der berühmtesten zu nennen – die Errechnung des Planeten Neptun durch Leverrier, die Errechnung elektrischer Wellen durch Maxwell, die Errechnung der Ablenkung der Lichtstrahlen im Gravitationsfelde der Sonne durch Einstein und die Errechnung der Rotverschiebung im Spektrum der Sonne gleichfalls durch Einstein.

Trotzdem aber vertreten wir die Meinung, daß diese Auffassung gänzlich unhaltbar ist. Denn bei näherer Besinnung zeigt sich,

---

Veränderungen der körperlichen Welt die Quantität der Materie unverändert bleibe, oder daß in aller Mitteilung der Bewegung Wirkung und Gegenwirkung jederzeit einander gleich sein müssen. An beiden ist nicht allein die Notwendigkeit, mithin ihr Ursprung a priori, sondern auch daß sie synthetische Sätze sind, klar.«

daß die Rolle des Denkens eine ungleich bescheidenere ist, als sie ihm bei dieser Auffassung zugeschrieben wird. Die Auffassung, wir hätten im Denken ein Mittel zur Hand, mehr über die Welt zu wissen, als beobachtet wurde, etwas zu wissen, was immer und überall in der Welt unbedingte Geltung haben muß, ein Mittel, allgemeine Gesetze alles Seins zu erfassen, scheint uns durchaus mysteriös. Wie soll es zugehen, daß wir von irgend einer Beobachtung im vorhinein sagen könnten, wie sie ausfallen muß, bevor wir sie noch angestellt haben? Woher sollte unser Denken eine Exekutivgewalt nehmen, durch die es eine Beobachtung zwänge, so und nicht anders auszugehen? Warum sollte das, was für unser Denken zwingend ist, auch für den Ablauf der Welt zwingend sein? Es bliebe nur übrig, an eine wundersame prästabilierte Harmonie zwischen dem Ablauf unseres Denkens und dem Ablauf der Welt zu glauben, eine Vorstellung, die reichlich mystisch und in letzter Linie theologisierend ist.

Aus dieser Situation zeigt sich kein anderer Ausweg als Rückkehr zu einem rein *empiristischen* Standpunkt. Rückkehr zur Auffassung, daß die einzige Quelle eines Wissens über Tatsachen die Beobachtung ist: Es gibt kein Wissen a priori über Tatsächliches, *es gibt kein »materiales« a priori.*[7] Nur werden wir den Fehler früherer Empiristen vermeiden müssen, in den Sätzen der Logik und Mathematik lediglich Erfahrungstatsachen sehen zu wollen; wir müssen uns nach einer anderen Auffassung von Logik und Mathematik umsehen.

II

Beginnen wir mit der Logik! Die alte Auffassung der Logik wäre etwa die: die Logik ist die Lehre von den allgemeinsten Eigenschaften der Gegenstände, die Lehre von den allen Gegenständen gemeinsamen Eigenschaften; so wie die Ornithologie die Lehre von den Vögeln, die Zoologie die Lehre von allen Tieren, die Biologie schon die Lehre von allen Lebewesen, so ist die Logik die Lehre von *allen* Gegenständen, die Lehre von den Gegenständen überhaupt. Wäre dem so, so bliebe es ganz unverständlich, woher die Logik ihre Sicherheit nimmt, denn wir kennen doch

---

7 Vgl. M. Schlick »Gibt es ein materiales Apriori?« Wissenschaftl. Jahresbericht der phil. Ges. a. d. Univ. Wien 1931/32. S. 55.

nicht alle Gegenstände, wir haben nicht alle Gegenstände beobachtet, können also nicht wissen, wie sich alle Gegenstände verhalten.

Unsere Auffassung hingegen besagt: die Logik handelt keineswegs von sämtlichen Gegenständen, sie handelt überhaupt nicht von irgendwelchen Gegenständen, sondern *sie handelt nur von der Art, wie wir über die Gegenstände sprechen;* die Logik entsteht erst durch die Sprache. Und gerade daraus, daß ein Satz der Logik überhaupt nichts über irgendwelche Gegenstände aussagt, fließt seine Sicherheit und Allgemeingültigkeit oder, besser gesagt, seine Unwiderleglichkeit.

Ein Beispiel möge uns das näher bringen. Ich spreche von einer wohlbekannten Pflanze: ich beschreibe sie, wie es in den botanischen Bestimmungsbüchern geschieht, durch Anzahl, Farbe und Form ihrer Blütenblätter, ihrer Kelchblätter, ihrer Staubgefäße, Gestalt ihrer Blätter, ihres Stengels, ihrer Wurzeln etc., und treffe die Festsetzung: jede solche Pflanze wollen wir »Schneerose« nennen, wir wollen sie aber außerdem auch »Helleborus niger« nennen. Dann kann ich mit absoluter Sicherheit und Allgemeingültigkeit den Satz aussprechen: »Jede Schneerose ist ein Helleborus niger«; er trifft ganz bestimmt zu, immer und überall, er ist durch keinerlei Beobachtung widerlegbar; aber er sagt gar nichts über Tatsachen aus; ich erfahre nichts aus ihm über die Pflanze, von der die Rede ist, nicht in welcher Jahreszeit sie blüht, nicht wo ich sie finden kann, nicht ob sie häufig oder selten ist, er sagt mir gar nichts über die Pflanze, aber gerade deshalb, weil er gar nichts über Tatsächliches aussagt, kann er durch keine Beobachtung widerlegt werden, gerade daraus zieht er seine Sicherheit und Allgemeingültigkeit. Dieser Satz drückt lediglich eine Verabredung aus, wie wir über die fragliche Pflanze sprechen wollen.

Ähnlich nun steht es mit den Sätzen der Logik. Wir wollen uns das zunächst an den beiden berühmtesten Sätzen der Logik überlegen: dem Satze vom Widerspruch und dem Satze vom ausgeschlossenen Dritten. Sprechen wir etwa von Gegenständen, denen Farbe zukommt. Wir lernen, ich möchte sagen: durch Dressur, gewissen dieser Gegenstände die Bezeichnung »rot« beizulegen, und treffen die Vereinbarung, jedem andern dieser Gegenstände die Bezeichnung »nicht rot« beizulegen. Auf Grund dieser Vereinbarung können wir nun mit absoluter Sicherheit den Satz aussprechen: Keinem Gegenstand wird sowohl die Bezeichnung »rot« als auch die Bezeichnung »nicht rot« beigelegt, was man gewöhnlich kurz so ausspricht: Kein Gegenstand ist sowohl rot als nicht rot. Das ist der Satz vom Widerspruch. Und da wir die Vereinbarung getroffen haben, gewissen Gegenständen die Bezeichnung »rot« und *jedem* andern die Bezeichnung »nicht rot« beizulegen, können wir ebenso mit absoluter Sicherheit den Satz aussprechen: jedem Gegenstande wird entweder die Bezeichnung »rot« oder die Bezeichnung »nicht rot« beigelegt, gewöhnlich kurz so ausgesprochen: jeder Gegenstand ist entweder rot oder nicht rot. Das ist der Satz vom ausgeschlossenen Dritten. Diese beiden Sätze, der Satz vom Widerspruch und vom ausgeschlossenen Dritten, sagen gar nichts über irgendwelche Gegenstände aus; von keinem einzigen erfahre ich durch diese Sätze, ob er rot ist, ob er nicht rot ist, welche Farbe er hat, noch auch sonst irgend etwas: diese Sätze legen lediglich etwas über die Art und Weise fest, wie wir den Gegenständen die Bezeichnung »rot« und »nicht rot« beilegen wollen, d. h. sie setzen etwas darüber fest, *wie wir über die Gegenstände sprechen wollen.* Und gerade aus dem Umstande, daß sie gar nichts über Gegenstände aussagen, fließt ihre Allgemeingültigkeit und Sicherheit, fließt ihre Unwiderleglichkeit.

So wie mit diesen beiden Sätzen, steht es nun auch mit den andern Sätzen der Logik: wir werden alsbald darauf zurückkommen. Vorher wollen wir noch eine andere Betrachtung einschalten.

Wir haben vorhin festgestellt, daß es kein materiales a priori, d. h. kein Wissen a priori über Tatsächliches geben kann; denn wir können von keiner Beobachtung, bevor sie angestellt wurde, wissen, wie sie ausgehen muß. Wir haben uns überlegt, daß in den Sätzen vom Widerspruch und vom ausgeschlossenen Dritten kein materiales a priori vorkommt, denn sie sagen nichts über Tatsachen aus. Manche Leute aber, die vielleicht zugeben würden, daß es sich mit den Sätzen der Logik so verhalten mag, wie wir es sagen, beharren darauf, daß es doch anderswo ein materiales a priori gebe, z. B. im Satze: »kein Gegenstand ist sowohl rot als blau« (natürlich ist gemeint: zur selben Zeit und an derselben Stelle); hier handle es sich um ein wirkliches Wissen a priori über das Verhalten von Gegenständen; noch bevor man eine Beobachtung angestellt habe, könne man mit absoluter Sicherheit sagen, daß bei ihr sich nicht herausstellen kann, ein Gegenstand sei sowohl rot als blau; und es wird behauptet, daß man dieses

Wissen a priori durch »Wesensschau« erhalte, durch Erfassen des Wesens der Farben.[8] Will man unsere These, daß es keinerlei materiales a priori gibt, aufrecht erhalten, so muß man irgendwie zu einem Satze wie: »Kein Gegenstand ist sowohl rot als blau« Stellung nehmen, und ich will das mit einigen andeutenden Worten versuchen, die freilich keineswegs dieses nicht leichte Problem erschöpfen können. Es ist gewiß richtig, daß noch bevor wir eine Beobachtung angestellt haben, wir mit völliger Sicherheit sagen können: sie wird nicht ergeben, daß ein Gegenstand sowohl rot als blau ist – so wie wir mit völliger Sicherheit sagen können, daß keine Beobachtung ergeben wird, ein Gegenstand sei sowohl rot als nicht rot, oder eine Schneerose sei kein Helleborus niger; aber ebenso wenig wie im zweiten und dritten Falle handelt es sich auch im ersten um ein materiales a priori; ebenso wie die Sätze: »Jede Schneerose ist ein Helleborus niger«, »kein Gegenstand ist sowohl rot als nicht rot«, sagt auch der Satz »kein Gegenstand ist sowohl rot als blau« gar nichts über das Verhalten von Gegenständen aus; auch er handelt nur davon, wie wir über die Gegenstände sprechen wollen, wie wir ihnen Bezeichnungen beilegen wollen. Wie wir früher sagten: gewisse Gegenstände nennen wir »rot«, jeden anderen Gegenstand nennen wir »nicht rot«, woraus die Sätze vom Widerspruch und vom ausgeschlossenen Dritten flossen, so sagen wir jetzt: gewisse Gegenstände nennen wir »rot«, gewisse *andere* Gegenstände nennen wir »blau«, wieder gewisse *andere* Gegenstände nennen wir »grün« etc. Wenn wir aber in dieser Art die Farbbezeichnungen den Gegenständen zuweisen, so können wir mit Sicherheit von vorn-

8 Leibniz. Nouveaux Essais IV, Kap. I, § 3.
  »Denn der Verstand bemerkt unmittelbar, daß eine Idee die andere ist, daß das Weiße nicht das Schwarze ist.«
  Leibniz. Nouveaux Essais IV. Kap. II, § I.
  »Die Erkenntnis ist also intuitiv, wenn der Verstand die Übereinstimmung zweier Ideen unmittelbar durch sie selbst, ohne daß eine andere dazukäme, bemerkt. In diesem Falle hat der Verstand keinerlei Mühe, die Wahrheit zu beweisen oder zu prüfen. So, wie das Auge das Licht sieht, sieht der Verstand, daß das Weiße nicht das Schwarze ist, daß ein Kreis nicht ein Dreieck ist, daß drei zwei und eins ist. Diese Erkenntnis ist die klarste, die sicherste, deren die menschliche Schwäche fähig ist; sie wirkt in unwiderstehlicher Weise und gestattet dem Verstande kein Bedenken. Es ist die Erkenntnis, daß die Idee so in unserem Verstande ist, wie wir sie erfassen. Wer eine größere Sicherheit verlangt, weiß nicht, was er verlangt.«

herein sagen: keinem Gegenstand wird dabei sowohl die Bezeichnung »rot« als auch die Bezeichnung »blau« zugewiesen, oder, kürzer ausgedrückt: kein Gegenstand ist sowohl rot als blau; und zwar können wir es deshalb mit Sicherheit sagen, weil wir die Zuweisung der Farbbezeichnungen an die Gegenstände eben so eingerichtet haben.[9]

Wie wir sehen, gibt es zwei ganz verschiedene Arten von Sätzen: solche, die wirklich etwas über Gegenstände aussagen, und solche, die nichts über Gegenstände aussagen, sondern nur Regeln festlegen, wie wir über die Gegenstände sprechen wollen. Frage ich: »Welche Farbe hat das neue Kleid von Fräulein Erna?« und erhalte ich die Antwort: »Das neue Kleid von Fräulein Erna ist nicht (in seiner Gänze) sowohl rot als blau«, so wurde mir gar nichts über dieses Kleid mitgeteilt, ich weiß nachher genau so viel wie vorher; erhalte ich aber die Antwort: »Das neue Kleid von Fräulein Erna ist rot«, so wurde mir wirklich etwas über dieses Kleid mitgeteilt.

Wir wollen uns diesen Unterschied noch an einem Beispiel klarmachen. Ein Satz, der wirklich etwas über die Gegenstände aussagt, von denen er spricht, ist der folgende: »Wenn du dieses Stück Eisen auf 800° erwärmst, wird es rot, wenn du es auf 1300° erwärmst, wird es weiß werden.« Worauf beruht der Unterschied dieses Satzes von den eben angeführten Sätzen, die nichts Tatsächliches aussagen? Die Zuweisung der Temperaturbezeichnungen an die Gegenstände geschieht *unabhängig* von der Zuweisung der Farbbezeichnungen, die Farbbezeichnungen »rot« und »nicht rot«, oder »rot« und »blau« hingegen werden *in Abhängigkeit von einander* den Gegenständen zugewiesen; die Sätze: »Das

---

9 Daß es sich bei Sätzen wie »kein Gegenstand ist sowohl rot als blau« um Festsetzungen handelt, in welcher Weise die Farbwörter »rot«, »blau« etc. verwendet werden sollen, kann man sich daran klar machen, daß an sich auch eine andere Art ihrer Verwendung durchaus denkbar wäre, und gelegentlich auch vorkommt: Vielleicht wird mancher von einem gelbgrün gefärbten Gegenstande sagen, er sei sowohl gelb als grün. Bei Tönen ist (aus naheliegenden Gründen) sogar eine solche Sprechweise die allgemein übliche: Wenn man einen c-dur-Dreiklang hört, so sagt man, man höre sowohl den Ton c, als den Ton e, als den Ton g. An sich wäre es durchaus denkbar, daß man für jeden Akkord eine eigene Beziehung hätte und analog der Festsetzung »kein Gegenstand ist sowohl rot als blau« die Festsetzung träfe: »Die Töne c und e können niemals gleichzeitig gehört werden«. – L. Wittgenstein hat das so formuliert: Ein Satz wie »Kein Gegenstand ist sowohl rot als blau« gehört zur »Syntax« der Farbwörter.

neue Kleid von Fräulein Erna ist entweder rot oder nicht rot«, »Das neue Kleid von Fräulein Erna ist nicht sowohl rot als blau« drücken lediglich diese Abhängigkeit aus, sagen darum nichts über dieses Kleid aus, und sind deshalb absolut sicher und unwiderlegbar; der obige Satz über das Stück Eisen hingegen bringt von einander unabhängig gegebene Bezeichnungen in Beziehung, sagt deshalb wirklich etwas über dieses Stück Eisen aus und ist eben deshalb nicht sicher und ist durch die Beobachtung widerlegbar.

Der Unterschied zwischen diesen beiden Arten von Sätzen wird vielleicht besonders klar durch folgende Überlegung. Sagt mir jemand: »Ich habe dieses Stück Eisen auf 800° erhitzt und es ist dabei nicht rot geworden«, so werde ich das nachprüfen; dabei wird sich vielleicht herausstellen, daß er gelogen hat, vielleicht wird sich herausstellen, daß er das Opfer einer Täuschung geworden ist, vielleicht wird sich aber auch herausstellen, daß – entgegen meinen bisherigen Ansichten – auch Fälle vorkommen, in denen ein Stück Eisen bei Erwärmung auf 800° nicht rotglühend wird, und dann werde ich eben meine Meinung über das Verhalten von Eisen bei Erhitzung abändern. Wenn mir aber jemand sagt: »Ich habe dieses Stück Eisen auf 800° erwärmt und dabei ist es sowohl rot als nicht rot geworden« oder: »dabei ist es sowohl rot als weiß geworden«, dann werde ich bestimmt gar nichts nachprüfen, ich werde auch nicht sagen: »der Mann hat gelogen« oder »der Mann ist Opfer einer Täuschung geworden« und ich werde ganz bestimmt meine Ansichten über das Verhalten von Eisen bei Erhitzung nicht ändern; sondern – man kann dies am besten durch ein jedem Kartenspieler geläufiges Wort ausdrücken – der Mann hat *Renonce gemacht:* er hat sich vergangen gegen die Regeln, nach denen wir sprechen wollen, und ich werde mich weigern, weiter mit ihm zu sprechen. Es ist ganz so, wie wenn jemand beim Tarockspielen versuchen wollte, mir den Skieß mit dem Mond zu stechen; auch da werde ich gar nichts nachprüfen, ich werde meine Ansichten über das Verhalten von Gegenständen nicht abändern, sondern ich werde mich weigern, mit ihm weiter Tarock zu spielen.

Fassen wir zusammen: Wir müssen unterscheiden zwischen zwei Arten von Sätzen: solchen, die etwas Tatsächliches aussagen, und solchen, die lediglich eine Abhängigkeit in der Zuweisung der Bezeichnungen an die Gegenstände ausdrücken; die Sätze dieser zweiten Art wollen wir *tautologisch* nennen[10]; sie sagen nichts über Gegenstände aus und sind eben deshalb sicher, allgemein gültig, durch Beobachtung unwiderlegbar; die Sätze der ersten Art hingegen sind nicht sicher, können durch Beobachtung widerlegt werden. Die logischen Sätze vom Widerspruch und vom ausgeschlossenen Dritten sind tautologisch, ebenso z. B. der Satz: »Kein Gegenstand ist sowohl rot als blau.«

Und nun behaupten wir, daß auch alle anderen Sätze der Logik tautologisch sind. Kommen wir also, um uns das wenigstens an einem Beispiel klarzumachen, noch einmal auf die Logik zurück! Wir sagten: gewissen Gegenständen wird die Bezeichnung »rot« beigelegt und es wird die Verabredung getroffen, jedem andern Gegenstand die Bezeichnung »nicht rot« beizulegen; diese Verabredung über den Gebrauch der Negation wird ausgedrückt durch die Sätze vom Widerspruch und vom ausgeschlossenen Dritten. Nun wird (um weiter an Gegenständen zu exemplifizieren, denen Farbe zukommt) noch die Verabredung getroffen, jedem Gegenstand, dem die Bezeichnung »rot« beigelegt wird, auch die Bezeichnungen »rot oder blau«, »blau oder rot«, »rot oder gelb«, »gelb oder rot« etc. beizulegen, jedem Gegenstand, dem die Bezeichnung »blau« beigelegt wird, auch die Bezeichnungen blau« etc. beizulegen usf. Auf Grund dieser Verabredung können wir dann mit voller Sicherheit z. B. den Satz aussprechen: »Jeder rote Gegenstand ist rot oder blau«; das ist wieder ein tautologischer Satz; er handelt nicht von den Gegenständen, über die wir sprechen, sondern nur von der Art, wie wir über diese Gegenstände sprechen.

Vergegenwärtigen wir uns nochmals die Art, wie den Gegenständen die Bezeichnungen »rot«, »nicht rot«, »blau«, »rot oder blau« etc. beigelegt werden, so können wir auch völlig sicher und

---

10 Gewöhnlich wird nach dem Vorgange von Wittgenstein das Wort »tautologisch« im engeren Sinne verwendet; er nennt »tautologisch« einen Satz, der durch seine bloße Form wahr ist. Vgl. hiezu Wittgenstein, Tractatus Logico-Philosophicus, Paul Kegan, London 1922, Seite 98: »4.464: Die Wahrheit der Tautologie ist gewiß, des Satzes möglich, der Kontradiktion unmöglich« und Seite 156: »6.12: Daß die Sätze der Logik Tautologien sind, das zeigt die formalen – logischen – Eigenschaften der Sprache, der Welt.«
Wittgenstein war es, der als erster klar die Bedeutung dieses Begriffes auseinandersetzte und dadurch entscheidend in die Entwicklung der hier vorgetragenen Gedankengänge eingriff.

unwiderleglich sagen: Jedem Gegenstand, dem die beiden Bezeichnungen »rot oder blau« und »nicht rot« beigelegt werden, wird auch die Bezeichnung »blau« beigelegt – gewöhnlich kurz so ausgesprochen: Ist ein Gegenstand rot oder blau und nicht rot, so ist er blau. Auch das ist ein tautologischer Satz; er enthält keinerlei Feststellung über das Verhalten der Gegenstände, er drückt nur aus, in welchem Sinne wir die logischen Worte »nicht« und »oder« verwenden.

Damit nun sind wir bei etwas ganz Grundlegendem angelangt: Die Verabredung über die Verwendung der Worte »nicht« und »oder« ist derart, daß, wenn ich die beiden Sätze ausspreche: »Der Gegenstand A ist rot oder blau« und »Der Gegenstand A ist nicht rot«, ich dadurch schon mitgesagt habe: »Der Gegenstand A ist blau.« Das ist das Wesen des sogenannten *logischen Schließens*. Es beruht also keineswegs darauf, daß zwischen Sachverhalten ein realer Zusammenhang besteht, den wir durch das Denken erfassen, es hat vielmehr mit dem Verhalten der Gegenstände überhaupt nichts zu tun, sondern fließt aus der Art, wie wir über die Gegenstände sprechen. Wer das logische Schließen nicht anerkennen wollte, hat nicht etwa eine andere Meinung über das Verhalten der Gegenstände als ich, sondern er weigert sich, über die Gegenstände nach denselben Regeln zu sprechen, wie ich; ich kann ihn nicht überzeugen, sondern ich muß mich weigern, mit ihm weiter zu sprechen, so wie ich mich weigern werde, weiter mit einem Partner Tarock zu spielen, der darauf beharrt, meinen Skieß mit dem Mond zu stechen.

Was das logische Schließen leistet, ist also dies: es macht uns bewußt, was alles wir – auf Grund der Verabredungen über den Gebrauch der Sprache – durch Behauptung eines Systemes von Sätzen (zwar nicht ausdrücklich, aber doch implizit und vielleicht unbewußt) mitbehauptet haben; so wie in unserem obigen Beispiel durch Behauptung der beiden Sätze: »Der Gegenstand A ist rot oder blau« und »Der Gegenstand A ist nicht rot« implizit mitbehauptet wird: »Der Gegenstand A ist blau.«

Mit dieser Formulierung streifen wir auch schon die Antwort auf eine Frage, die sich wohl naturgemäß jedem Leser, der unseren Überlegungen folgte, aufgedrängt haben dürfte: Wenn es wirklich zutrifft, daß die Sätze der Logik tautologisch sind, daß sie nichts über die Gegenstände aussagen, wozu dient dann überhaupt die Logik?

Die logischen Sätze, an denen wir exemplifizierten, flossen aus den Verabredungen über den Gebrauch des Wortes »nicht« und »oder« (und man kann zeigen, daß das gleiche von allen Sätzen der sogenannten Aussagenlogik gilt). Überlegen wir also zunächst, wozu man die Worte »nicht« und »oder« in die Sprache einführt. Das geschieht wohl deshalb, weil wir nicht allwissend sind. Fragt man mich nach der Farbe des Kleides, das Fräulein Erna gestern trug, so werde ich mich vielleicht an seine Farbe nicht erinnern können; ich kann nicht sagen, ob es rot oder blau oder grün war; aber vielleicht werde ich wenigstens sagen können: »gelb war es nicht«; wäre ich allwissend, so wüßte ich seine Farbe, ich hätte dann nicht nötig, zu sagen: »gelb war es nicht«, sondern könnte etwa sagen: »es war rot«. Oder: meine Tochter schrieb mir, sie habe einen Dackel geschenkt bekommen; da ich ihn noch nicht gesehen habe, kenne ich seine Farbe nicht; ich kann nicht sagen »er ist schwarz« und ich kann nicht sagen »er ist braun«; wohl aber kann ich sagen: »er ist schwarz oder braun«; wäre ich allwissend, so hätte ich dieses »oder« nicht nötig und könnte ohne weiteres sagen: »er ist braun«.

Und so haben auch die logischen Sätze, obwohl sie rein tautologisch sind, so hat auch das logische Schließen, obwohl es nichts anderes ist als tautologisches Umformen, für uns Bedeutung deshalb, weil wir nicht allwissend sind. Unsere Sprache ist so gemacht, daß wir bei Behauptung gewisser Sätze andre Sätze implizit mitbehaupten – aber wir sehen nicht sofort, was alles wir so implizit mitbehauptet haben, erst das logische Schließen macht uns das bewußt. Ich behaupte z. B. die Sätze: »Die Blume, die Herr Maier im Knopfloch trägt, ist entweder eine Rose oder eine Nelke.« »Wenn Herr Maier eine Nelke im Knopfloch trägt, so ist sie weiß.« »Die Blume, die Herr Maier im Knopfloch trägt, ist nicht weiß.« Vielleicht bin ich mir gar nicht bewußt, daß ich dabei auch implizit behauptet habe: »Die Blume, die Herr Maier im Knopfloch trägt, ist eine Rose«; das logische Schließen aber bringt es mir zum Bewußtsein. Freilich weiß ich deswegen noch nicht, ob die Blume, die Herr Maier im Knopfloch trägt, wirklich eine Rose ist; bemerke ich, daß sie keine Rose ist, so darf ich nicht auf meinen früheren Behauptungen beharren – sonst vergehe ich mich gegen die Regeln des Sprechens, ich mache Renonce.

III

Wenn ich hoffen darf, die Stellung der Logik nun einigermaßen klar gemacht zu haben, so kann ich mich nun über die Stellung der *Mathematik* ganz kurz fassen. Die Sätze der Mathematik sind von ganz derselben Art, wie die Sätze der Logik: sie sind tautologisch, sie sagen gar nichts über die Gegenstände aus, von denen wir sprechen wollen, sondern sie handeln nur von der Art, wie wir über die Gegenstände sprechen wollen. Daß wir apodiktisch und allgemeingültig den Satz aussprechen können: $2+3=5$, daß wir schon vor Anstellen einer Beobachtung mit völliger Sicherheit sagen können, daß sich bei ihr nicht herausstellen wird, daß etwa $2+3=7$ ist, rührt daher, daß wir mit $2+3$ dasselbe meinen wie mit 5 – ähnlich wie wir mit »Helleborus niger« dasselbe meinen wie mit »Schneerose«, und sich deshalb bei keiner noch so subtilen botanischen Untersuchung herausstellen kann, daß ein Exemplar der Schneerose kein Helleborus niger wäre. Daß wir aber mit $2+3$ dasselbe meinen wie mit 5, das bringen wir uns zum Bewußtsein, indem wir darauf zurückgehen, was wir mit 2, mit 3, mit 5, mit $+$ meinen, und solange tautologisch umformen, bis wir eben sehen, daß wir mit $2+3$ dasselbe meinen wie mit 5. Dieses sukzessive tautologische Umformen ist das, was man »Rechnen« nennt; das Addieren, das Multiplizieren, das man in der Schule lernt, sind Anweisungen zu solchen tautologischen Umformungen; jeder mathematische Beweis ist eine Aufeinanderfolge solcher tautologischer Umformungen. Der Nutzen beruht wieder darauf, daß wir z. B. keineswegs sofort sehen, daß wir mit 24×31 dasselbe meinen wie mit 744; rechnen wir aber das Produkt 24×31 aus, so formen wir es schrittweise um, so daß wir bei jeder einzelnen Umformung uns darüber klar sind, daß wir auf Grund der Verabredungen über die Verwendung der auftretenden Zeichen (hier Zahlzeichen und die Zeichen $+$ und $\times$) nach der Umformung noch dasselbe meinen wie vor der Umformung, bis uns am Schluß bewußt geworden ist, daß wir mit 744 dasselbe meinen wie mit 24×31.

Freilich ist der Nachweis des tautologischen Charakters der Mathematik noch nicht in allen Punkten erbracht; es handelt sich da um ein mühevolles und schwieriges Problem; doch zweifeln wir nicht daran, daß die Meinung vom tautologischen

Charakter[11] der Mathematik ihrem Wesen nach zutreffend ist.

Man hat sich lange dagegen gesträubt, in den Sätzen der Mathematik nichts als Tautologien zu sehen; Kant hat den tautologischen Charakter der Mathematik aufs lebhafteste bestritten[12], und der große Mathematiker Henri Poincaré, dem wir auch soviel an philosophischer Kritik verdanken, hat geradezu argumentiert: da die Mathematik unmöglich eine ungeheure Tautologie sein kann,

---

11 Ein vollständiges System des Logikkalküls und des logischen Aufbaues der Mathematik:
A. Wittgenstein – B. Russell. Principia Mathematica, Cambridge, 2. Aufl. 1925. Die leitenden Grundgedanken dieses Werkes findet man dargelegt in:
B. Russell. Einführung in die mathemat. Philosophie... München. Drei Maskenverl. 1923.
R. Carnap. Abriß der Logistik. Schriften zur wissenschaftlichen Weltauffassung, Bd. 2, J. Springer 1929.

12 Kant. Kritik der reinen Vernunft. Einleitung v. 1. (Oben zitierte Ausgabe).
»*Mathematische Urteile sind insgesamt synthetisch.* Dieser Satz scheint den Bemerkungen der Zergliederer der menschlichen Vernunft bisher entgangen, ja allen ihren Vermutungen gerade entgegengesetzt zu sein, ob er gleich unwidersprechlich gewiß und in der Folge sehr wichtig ist. Denn weil man fand, daß die Schlüsse der Mathematiker alle nach dem Satze des Widerspruchs fortgehen (welches die Natur einer jeden apodiktischen Gewißheit erfordert, so überredete man sich, daß auch die Grundsätze aus dem Satze des Widerspruchs anerkannt würden; worin sie sich irrten; denn ein synthetischer Satz kann allerdings nach dem Satze des Widerspruchs eingesehen werden, aber nur so, daß ein anderer synthetischer Satz vorausgesetzt wird, aus dem es gefolgert werden kann, niemals aber an sich selbst... Man sollte anfänglich zwar denken: daß der Satz 7+5=12 ein bloß analytischer Satz sei, der aus dem Begriffe einer Summe von Sieben und Fünf nach dem Satz des Widerspruchs erfolge. Allein, wenn man es näher betrachtet, so findet man, daß der Begriff der Summe von 7 und 5 nichts weiter enthalte, als die Vereinigung beider Zahlen in eine einzige, wodurch ganz und gar nicht gedacht wird, welche diese einzige Zahl sei, die beide zusammengefaßt. Der Begriff von Zwölf ist keineswegs dadurch schon gedacht, daß ich mir jene Vereinigung von Sieben und Fünf denke, und ich mag meinen Begriff von einer solchen möglichen Summe noch so lang zergliedern, so werde ich doch darin die Zwölf nicht antreffen. Man muß über diese Begriffe hinausgehen, indem man die Anschauung zu Hilfe nimmt, die einem von beiden korrespondiert, etwa seine fünf Finger, oder (wie Segner in seiner Arithmetik) fünf Punkte, und so nach und nach die Einheiten der in der Anschauung gegebenen Fünf zu dem Begriffe der Sieben hinzutun... Der arithmetische Satz ist also jederzeit synthetisch; welches man desto deutlicher inne wird, wenn man etwas größere Zahlen nimmt, da es dann klar einleuchtet, daß, wir möchten unsere Begriffe drehen und wenden, wie wir wollen, ohne die Anschauung zu Hilfe zu nehmen, vermittelst der bloßen Zergliederung unserer Begriffe die Summe niemals finden könnten.«

so muß in ihr irgendein a priorisches Prinzip stecken.[13] Und in der Tat, es scheint auf den ersten Blick kaum glaublich, daß die ganze Mathematik mit ihren so schwer erkämpften Sätzen, mit ihren oft so überraschenden Resultaten, sich sollte in Tautologien auflösen lassen. Aber diese Argumentation übersieht nur eine Kleinigkeit: sie übersieht den Umstand, daß wir nicht allwissend sind. Ein allwissendes Wesen freilich wüßte unmittelbar, was alles bei Behauptung einiger Sätze mitbehauptet ist, es wüßte unmittelbar, daß auf Grund der Verabredungen über den Gebrauch der Zahlzeichen und des Zeichens $\times$ mit 24×31 und 744 dasselbe gemeint ist: ein allwissendes Wesen braucht keine Logik und keine Mathematik. Wir aber müssen uns dies erst durch sukzessive tautologische Umformung bewußt machen, und so kann es für uns sehr überraschend sein, daß wir durch Behaupten einiger Sätze einen von diesen anscheinend gänzlich verschiedenen Satz mitbehauptet haben, oder daß wir mit zwei äußerlich ganz verschiedenen Symbolkomplexen tatsächlich dasselbe meinen.

IV

Und nun mache man sich klar, wie himmelweit unsere Auffassung entfernt ist von der alten – vielleicht darf man sagen: platonisierenden – Auffassung: Die Welt sei konstruiert nach den Gesetzen der Logik und der Mathematik (»immerzu treibt Gott Mathematik«) und in unserem Denken, einem schwachen Abglanz von Gottes Allwissenheit, sei uns ein Mittel geschenkt, diese ewigen Gesetze der Welt zu erfassen. Nein! Keinerlei Realität kann unser Denken erfassen, von keiner Tatsache der Welt kann uns das Denken Kunde bringen, es bezieht sich nur auf die Art, wie wir über die Welt sprechen, es kann nur Gesagtes tautologisch umformen. Es besteht keine Möglichkeit, durch das Denken hinter die durch die Beobachtung erfaßte Welt der Sinne

13 H. Poincaré. Wissenschaft und Hypothese. 1. Kapitel 1.
    »Wenn im Gegenteil alle Behauptungen, welche die Mathematik aufstellt, sich auseinander durch die formale Logik ableiten lassen, wieso besteht die Mathematik dann nicht in einer ungeheuren Tautologie? Der logische Schluß kann uns nicht wesentlich Neues lehren, und wenn alles vom Prinzipe der Identität ausgehen soll, so müßte sich auch alles darauf zurückführen lassen. Wird man aber zugeben, daß alle die Lehrsätze, welche so viele Bände füllen, nichts anderes leisten, als auf Umwegen zu sagen, daß A gleich A ist!«

zu einer »Welt des wahren Seins« vorzustoßen: jede Metaphysik ist unmöglich! Unmöglich, nicht weil die Aufgabe für unser menschliches Denken zu schwer wäre, sondern weil sie sinnlos ist, weil jeder Versuch, Metaphysik zu treiben, ein Versuch ist, in einer Weise zu sprechen, die den Vereinbarungen, wie wir sprechen wollen, zuwiderläuft, vergleichbar dem Versuche, mit dem Mond den Skieß zu stechen.

Kehren wir nun zurück zum Problem, von dem wir ausgingen: welches ist die gegenseitige Stellung von Beobachtung und Theorie in der Physik? Wir sagten, die übliche Auffassung sei etwa die: der Erfahrung entnehmen wir die Gültigkeit gewisser Naturgesetze, und da wir durch unser Denken die allgemeinsten Gesetze alles Seins erfassen, so wissen wir, daß auch alles, was aus diesen Naturgesetzen durch logisches oder mathematisches Denken folgt, sich realisiert finden muß. Wir sehen nun, daß diese Auffassung unhaltbar ist; denn unser Denken erfaßt keinerlei Gesetze des Seins. Nie und nirgends kann uns also das Denken ein Wissen über Tatsachen liefern, das über das Beobachtete hinausgeht. Wie aber sollen wir uns dann zu den auf theoretischem Wege gemachten Entdeckungen stellen, in denen – wie wir sagten – die übliche Auffassung scheinbar eine so starke Stütze findet? Überlegen wir uns z. B., um was es sich bei der Errechnung des Planeten Neptun durch Leverrier drehte!

Newton hat bemerkt, daß die bekannten Bewegungsvorgänge, himmlische wie irdische, sich sehr gut einheitlich beschreiben lassen durch die Annahme, daß zwischen je zwei Massenpunkten eine Anziehungskraft wirkt, die proportional ist ihren Massen, umgekehrt proportional dem Quadrat ihrer Entfernung. Und weil durch diese Annahme sich die bekannten Bewegungsvorgänge sehr gut beschreiben ließen, so *machte* er diese Annahme, d. h. er sprach versuchsweise, als Hypothese, das Gravitationsgesetz aus: »Zwischen je zwei Massenpunken wirkt eine Anziehungskraft, die proportional ist ihren Massen, umgekehrt proportional dem Quadrat ihrer Entfernung.« Als *Behauptung* konnte er dies Gesetz nicht aussprechen, sondern nur als Hypothese, denn niemand kann behaupten, daß sich je zwei Massenpunkte wirklich so verhalten, denn niemand kann alle Massenpunkte beobachten. Indem man aber das Gravitationsgesetz ausspricht, hat man implizit viele andere Sätze mit ausgesprochen, nämlich alle Sätze, die aus dem Gravitationsgesetz (zusammen mit unmittelbar der Beobachtung entnommenen Daten) durch Rechnen und durch logisches Schließen folgen; die theoretischen Physiker und Astronomen haben die Aufgabe, uns bewußt zu machen, was alles wir implizit mitsagen, wenn wir das Gravitationsgesetz aussprechen. Und Leverriers Rechnungen brachten zum Bewußtsein, daß durch Aussprechen des Gravitationsgesetzes mitgesagt ist, daß zu einer bestimmten Zeit an einer bestimmten Stelle des Himmels ein bis dahin unbekannter Planet zu sehen sein mußte. Man hat hingeschaut und hat tatsächlich diesen neuen Planeten gesehen – die Hypothese des Gravitationsgesetzes hatte sich bewährt. Aber nicht die Rechnung Leverriers hat ergeben, daß dieser Planet vorhanden ist, sondern das Hinschauen, die Beobachtung hat dies ergeben. Diese Beobachtung hätte ebensowohl anders ausgehen können, es hätte ebensogut geschehen können, daß an der betreffenden Stelle des Himmels nichts zu sehen war – dann hätte sich eben in diesem Falle das Gravitationsgesetz nicht bewährt und man hätte zu zweifeln begonnen, ob das Gravitationsgesetz wirklich eine geeignete Hypothese zur Beschreibung der beobachtbaren Bewegungsvorgänge sei. Und so ist es ja tatsächlich später gekommen: Indem man das Gravitationsgesetz ausspricht, ist implizit mitgesagt, daß zu einer bestimmten Zeit der Planet Merkur an einer bestimmten Stelle des Himmels zu sehen sein muß – ob er dann wirklich dort zu sehen war, konnte nur die Beobachtung lehren; die Beobachtungen aber ergaben, daß er *nicht* genau an der betreffenden Stelle des Himmels zu sehen war. Und was geschah? Man sagte sich: Da wir bei Aussprechen des Gravitationsgesetzes implizit Sätze mitaussprechen, die nicht zutreffen, so können wir die Hypothese des Gravitationsgesetzes nicht aufrecht erhalten. Newtons Gravitationstheorie wurde durch die Einsteins ersetzt.

Es ist also nicht so, daß wir durch die Erfahrung wissen, daß gewisse Naturgesetze gelten, und – weil wir durch unser Denken die allgemeinsten Gesetze alles Seins erfassen – deshalb auch wissen, daß alles realisiert sein muß, was durch Denken aus diesen Naturgesetzen gefolgert werden kann. Vielmehr ist es so: wir wissen von keinem einzigen Naturgesetze, daß es gilt; die Naturgesetze sind *Hypothesen,* die wir versuchsweise aussprechen; durch Aussprechen solcher Naturgesetze werden aber implizit viele andere Sätze mitausgesprochen (und Aufgabe des Denkens ist es, uns bewußt zu machen, welche Sätze implizit mitausgesprochen wurden); insolange nun diese implizit mitausgesprochenen Sätze (soferne sie von unmittelbar Beobachtbarem handeln) durch die Beobachtung bestätigt werden, bewähren sich diese Naturgesetze und wir halten an ihnen fest; wenn aber diese implizit mitausgesprochenen Sätze durch die Beobachtung nicht bestätigt werden, bewähren sich die Naturgesetze nicht und werden durch andere ersetzt.

V

Ich habe versucht, es klar zu machen, wie sich Logik und Mathematik in eine rein empiristische Philosophie einfügen, und ich glaube, daß erst durch diese, von der Auffassung früherer Empiristen fundamental abweichende Auffassung von Logik und Mathematik konsequenter Empirismus überhaupt möglich geworden ist. Damit ist aber noch keineswegs alles gesagt, was über die Beziehungen von Beobachtung und Theorie zu sagen ist, und so will ich mich nun einem Problem zuwenden, bei dessen Behandlung wir wieder stark von manchen früheren Empiristen abweichen.

Wir haben festgestellt, daß nur die Beobachtung uns ein Wissen über Tatsachen liefern kann; die Theorie ist dazu völlig außerstande. Manche Empiristen zogen daraus die Folgerung, es seien in den von Tatsachen handelnden Wissenschaften nur solche Sätze legitim, die (wenigstens prinzipiell) durch Beobachtung bestätigt oder widerlegt werden können, die also nur von (wenigstens prinzipiell) Beobachtbarem handeln; in einem legitimen Satze dürften also nur Terme auftreten, die aus Beobachtbarem zusammensetzbar, konstituierbar sind. Insbesondere E. Mach[14]

14 Mach. »Mechanik in ihrer Entwicklung.« 8. Auflage. Seite 466.
  »Nicht jede bestehende wissenschaftliche Theorie ergibt sich so natürlich und ungekünstelt. Wenn z. B. chemische, elektrische, optische Erscheinungen durch Atome erklärt werden, so hat sich die Hilfsvorstellung der Atome nicht nach dem Prinzip der Kontinuität ergeben, sie ist vielmehr für diesen Zweck eigens erfunden worden. Atome können wir nirgends wahrnehmen, sie sind wie alle Substanzen Gedankendinge. Ja, den Atomen werden zum Teil Eigenschaften zugeschrieben, welche allen bisher beobachteten widersprechen. Mögen die Atomtheorien immer geeignet sein, eine Reihe von Tatsachen darzustellen, die Naturforscher, welche Newtons Regeln des Philosophierens sich zu Herzen genommen haben, werden diese Theorien nur als provisorische Hilfsmittel gelten lassen und einen Ersatz durch eine natürliche Anschauung anstreben.«

hat mit großer Schärfe diese Forderung vertreten und er hat nachdrücklichst darauf hingewiesen, daß die übliche Physik diese Forderung durchaus nicht erfüllt; insbesondere seien alle Sätze, die von Molekeln, Atomen (und wir können heute hinzufügen: Elektronen, Protonen, Quanten) handeln, nicht legitim, weil alle diese Terme prinzipiell unkonstituierbar (nicht aus Beobachtbarem zusammensetzbar) seien; alle solchen Sätze seien daher metaphysisch und hätten kein Bürgerrecht in der Wissenschaft. L. Boltzmann hat gegen diese Ansicht Machs aufs lebhafteste polemisiert[15], und ich glaube, wir müssen uns in diesem Streite auf Seite Boltzmanns stellen.

In der Tat, die ganze Wissenschaft ist voll von Sätzen, die prinzipiell nicht durch Beobachtung bestätigt werden können, weil sie unkonstituierbare Terme enthalten; nicht nur die Sätze über Molekeln, Atome, Elektronen etc. sind von dieser Art. In der theoretischen Physik wird (vermöge der Einführung von Koordinaten) die Stelle jedes Ereignisses in Raum und Zeit festgelegt gedacht durch Angabe von Zahlen; eine solche Festlegung aber geht prinzipiell über jede Beobachtungsmöglichkeit hinaus; wie sollte eine Beobachtung darüber entscheiden können, ob das Verhältnis zweier Längen exakt durch die Zahl $\frac{1}{3}$ angegeben wird, oder durch einen Dezimalbruch, der mit einer sehr großen Zahl von Stellen 3 beginnt und dann irgendwie anders weitergeht? Die Physik behauptet, daß sich im leeren Raume elektromagnetische Vorgänge abspielen; wie aber sollte das je durch Beobachtung festgestellt werden können? Dazu müßte man doch irgendwelche Apparate an die Stelle bringen, wo man

15 Ludwig Boltzmann. »Populäre Schriften.« II. Auflage. Barth, 1911. Seite 142.
»Endlich wäre es nicht ein Schaden für die Wissenschaft, wenn man nicht noch heute die gegenwärtigen Anschauungen der Atomistik mit gleichem Eifer pflegte, wie die der Phänomenologie? Die Beantwortung dieser Fragen in dem der Atomistik günstigen Sinne bezeichne ich schon hier als das Resultat der folgenden Betrachtungen: Die Differentialgleichungen der mathematisch-physikalischen Phänomenologie sind offenbar nichts als Regeln für die Bildung und Verbindung von Zahlen und geometrischen Begriffen, diese aber sind wieder nichts anderes als Gedankenbilder, aus denen die Erscheinungen vorhergesagt werden können. Genau dasselbe gilt auch von den Vorstellungen der Atomistik, so daß ich in dieser Beziehung nicht den mindesten Unterschied zu erkennen vermag. Überhaupt scheint mir von einem umfassenden Tatsachengebiete niemals eine direkte Beschreibung, stets nur ein Gedankenbild möglich. Man darf daher nicht mit Ostwald sagen, Du sollst Dir kein Bild machen, sondern nur, Du sollst in dasselbe möglichst wenig Willkürliches aufnehmen.«

das feststellen will, dann aber ist dort nicht mehr leerer Raum, denn dann sind ja diese Apparate dort! Vor vielen Jahren, auf einem mit einem Freunde unternommenen Spaziergange im Walde, machten wir, indem wir dem Treiben in einem Ameisenhaufen zusahen, die scherzhafte Bemerkung, die Zoologie könne doch gar nicht davon sprechen, wie sich Ameisen verhalten, sie könne nur davon sprechen, wie sich Ameisen verhalten, wenn Menschen ihnen zusehen; das war ein Scherz, aber es liegt viel Ernst in diesem Scherze: jeder Vorgang wird irgendwie dadurch gestört, daß man ihn beobachtet; die Physik aber spricht vom ungestörten Vorgange – daß das nicht eine zu vernachlässigende Spitzfindigkeit, sondern von prinzipieller Bedeutung ist, wird durch die neueste Entwicklung der Physik in klares Licht gerückt.

Aber wir brauchen gar nicht so weit zu gehen, um Beispiele von physikalischen Sätzen zu finden, die prinzipiell nicht durch Beobachtung bestätigt werden können, weil sie einen unkonstituierbaren Term enthalten. Das Wort »alle«, das doch irgendwie in jedem Naturgesetze auftritt, ist – abgesehen von dem Falle, wo ich die Individuen aufzähle, die unter »alle« gemeint sind, in welchem Falle das Wort »alle« nur eine an sich überflüssige Abkürzung darstellt – ein solcher unkonstituierbarer Term, dem nichts Beobachtbares entspricht. Wie sollte jemals durch Beobachtung festgestellt werden, daß wirklich *alle* Körper sich durch Erwärmung ausdehnen? Wie sollte durch Beobachtung auch nur festgestellt werden, daß *alle* Amseln schwarz sind? Denn wären durch Zufall selbst alle Amseln der Welt auf ihre Farbe beobachtet worden, so könnten wir doch nicht behaupten, alle Amseln seien schwarz, weil wir nie wissen könnten, daß die beobachteten Amseln alle Amseln sind. Der Term »alle« ist also unkonstituierbar, jedes Naturgesetz somit – wie wir ja übrigens schon weiter oben festgestellt haben – ein prinzipiell nicht durch Beobachtung bestätigbarer Satz.

Wir sehen also, daß die Forderung Machs, es müßten alle Sätze aus der Wissenschaft entfernt werden, in denen unkonstituierbare Terme vorkommen, undurchführbar ist: es würden nicht nur, wie Mach das wollte, die Sätze über Moleküle, Atome etc. verschwinden, sondern die ganze Wissenschaft würde zusammenstürzen.

Wenn wir aber zugeben müssen, daß auch solche Sätze Bürgerrecht in der Wissenschaft genießen, die unkonstituierbare Terme enthalten, die prinzipiell nicht durch Beobachtung bestätigt werden können, ist damit nicht wieder der Metaphysik Tür und Tor geöffnet? Wir müssen uns also die Frage vorlegen: was ist der Sinn der legitimen wissenschaftlichen Sätze, die unkonstituierbare Terme enthalten? Wodurch unterscheiden sie sich von den illegitimen, metaphysischen Sätzen?

Jedesmal, wenn man unkonstituierbare Terme in die Wissenschaft einführt, muß man ihnen eine Gebrauchsanweisung mitgeben, man muß Regeln angeben, wie mit ihnen zu operieren ist, wie Sätze, in denen sie vorkommen, in andere Sätze transformiert werden sollen. Und diese Regeln müssen derart sein, daß wir schließlich auf Sätze kommen, in denen kein unkonstituierbarer Term mehr vorkommt, die durch Beobachtung unmittelbar bestätigt oder widerlegt werden können.[16] Mit den Operationsregeln für den Term »alle« beschäftigt sich ein eigenes Kapitel der Logik. Die wichtigste dieser Regeln lautet: »Was für alle gelten soll, soll auch für jedes einzelne gelten.« Sage ich also »Alle Amseln sind schwarz« und »Der Vogel, der auf diesem Baume sitzt, ist eine Amsel«, so habe ich – zufolge der Operationsregeln für das Wort »alle« – mitgesagt: »Der Vogel, der auf diesem Baume sitzt, ist schwarz«, und damit bin ich auf einen Satz gekommen, der unmittelbar durch Beobachtung bestätigt oder widerlegt werden kann; wird er durch die Beobachtung bestätigt, so kann ich bei den zuerst ausgesprochenen beiden Sätzen verbleiben; wird er durch die Beobachtung widerlegt, so kann ich nicht – ohne Renonce zu machen – auf den beiden ersten Sätzen beharren; wird dann etwa auch noch der Satz »Der Vogel, der auf diesem Baume sitzt, ist eine Amsel« durch Beobachtung bestätigt, so muß ich den Satz »Alle Amseln sind schwarz« fallen lassen.

Die Einführung unkonstituierbarer Terme ist also an sich noch nicht Metaphysik; sie ist für die Wissenschaft unentbehrlich, und sie ist durchaus legitim, wenn diesen Termen Gebrauchsanweisungen mitgegeben werden, auf Grund derer aus Sätzen, in denen diese Terme vorkommen, Sätze gewonnen werden können, in denen sie nicht mehr vorkommen, und die durch Beobachtung kontrollierbar sind. Fehlt eine solche Gebrauchsanweisung, oder

16 Bei dieser unmittelbaren Bestätigung, beziehungsweise Widerlegung spielen diejenigen Sätze eine wichtige Rolle, die Carnap und Neurath als Protokollsätze bezeichnet haben und auf die alle Systemsätze der Realwissenschaft zurückführbar sind.

reicht sie nicht aus zur Wegschaffung der unkonstituierbaren Terme, dann freilich treibt man Metaphysik. Die legitimen Sätze der Wissenschaft mit unkonstituierbaren Termen sind wohlgedecktem Papiergeld vergleichbar, das bei der Nationalbank jederzeit in Gold umgewechselt werden kann – die metaphysischen Sätze gleichen ungedecktem Papiergeld, für das niemand Gold oder Waren gibt.

Obwohl nun die Terme »Molekel«, »Atom«, »Elektron« etc. unkonstituierbar sind, so ist ihre Verwendung in der Physik doch durchaus legitim: Die kinetische Gastheorie z. B. geht aus von Sätzen über das Verhalten von Molekeln und gewinnt aus ihnen durch geeignete Umformungen und Interpretationsregeln Aussagen über das Verhalten konkreter Gase, in denen der Term »Molekel« nicht mehr vorkommt, und die durch Beobachtung kontrollierbar sind. Die Elektronentheorie geht aus von Sätzen über das Verhalten von Elektronen und Protonen und gewinnt daraus in ähnlicher Weise Aussagen über das Aussehen von Spektren, in denen die Terme »Elektron« und »Proton« nicht mehr vorkommen, und die durch Beobachtung kontrollierbar sind.

Wenn wir so, entgegen der Meinung von Mach, feststellen, daß die Verwendung von »Atomen« etc. in der Physik durchaus legitim und nicht metaphysisch ist, so gilt dies keineswegs von gewissen »philosophischen« Erörterungen über Atome. Da findet man die Argumentation: qualitative Änderungen einer Substanz seien für uns unverstehbar, verstehen können wir nur Lageänderungen an sich unveränderlicher Substanzen; da die sinnlich warnhembaren Körper qualitative Änderungen zeigen (aus Eis wird Wasser, aus Wasser wird Dampf), so müssen wir annehmen, die sinnlich wahrnehmbaren Körper bestehen aus sinnlich nicht wahrnehmbaren, völlig unveränderlichen Atomen, und was wir als qualitative Änderungen der Körper wahrnehmen, seien in Wirklichkeit nur Lageänderungen der Atome. Diese Argumentation scheint uns ganz sinnleer. Wir können überhaupt keine Tatsache verstehen, weder die Veränderung noch das Beharren einer Qualität, weder Bewegung noch Ruhe eines Körpers. Verstehen können wir eine tautologische Umformung, aber nie etwas Beobachtbares: »verstehen« bezieht sich auf das Denken, sowie »sehen« auf Farben, »hören« auf Töne: da wir aber die Tatsachen nicht durch Denken, sondern immer nur durch Beobachtung erfassen, können wir keine Tatsache verstehen, so wie wir keine Farbe hören, keinen Ton sehen können; und das rührt nicht daher, daß unsere Ohren, unsere Augen zu schlecht sind – auch mit den feinsten Ohren könnten wir keine Farben hören, auch mit den schärfsten Augen können wir nicht Töne sehen; und ebenso können wir nicht Tatsachen verstehen – nicht weil unser Denken dazu zu schwach wäre, sondern weil Denken und Tatsachen nichts miteinander zu tun haben.

Die eben von uns als sinnleer erkannte Argumentation wird verwendet zur Begründung der These, die Welt, die uns unsere Sinne zeigen, sei bloßer *Schein*, wahres *Sein*, wahre *Realität* komme nur den Atomen und ihren Lageänderungen zu. Dies ist ein Musterbeispiel eines metaphysischen und darum sinnleeren Satzes. Er enthält die unkonstituierten Terme: »Schein« und »Sein (Realität)«, ohne daß irgend eine Gebrauchsanweisung für diese Terme gegeben wird, auf Grund derer wir von der angeführten These zu Sätzen gelangen könnten, die durch die Beobachtung überprüfbar wären. Ich will damit nicht sagen, daß es nicht auch eine legitime Verwendung der Terme »Schein«, »Realität« gibt; es hat seinen guten Sinn, wenn ich die gesehene Knickung eines in Wasser getauchten Stockes für bloßen Schein erkläre: es ist damit etwa gemeint, daß der Tastsinn diese Knickung nicht aufzeigt; es hat seinen guten Sinn, wenn ich eine von mir halluzinierte Gestalt für bloßen Schein erkläre: Es ist damit gemeint, daß andere Leute, die sie meiner Meinung nach normalerweise unbedingt hätten sehen müssen, versichern, sie haben sie nicht gesehen. Und immer, wenn das Wort »Schein« in legitimer Weise verwendet wird, wenn in legitimer Weise gewisse Wahrnehmungen als »scheinbar«, als »irreal« bezeichnet werden, geschieht es vermöge eines Vergleiches dieser Wahrnehmungen mit anderen Wahrnehmungen. Metaphysik, illegitim, sinnleer aber ist es, *alle* Wahrnehmungen für bloßen Schein zu erklären – denn woran gemessen sollen sie bloßer Schein sein? Das Denken – wie dies die rationalistische Philosophie wollte – kann diesen Maßstab nicht abgeben; denn das Denken hat mit der Wahrnehmung nichts zu tun und kann deshalb über sie auch nichts ausmachen.

VI

Ich möchte diese Ausführungen nicht schließen, ohne ein großes Problem wenigstens gestreift zu haben: das *Wahrheitsproblem.* Die alte, metaphysische Auffassung ist da etwa die: es gibt eine Realität, eine Welt wahren Seins, und eine Aussage ist wahr, wenn sie übereinstimmt mit dem, was in dieser Realität wirklich statt hat; die Aussage des Gravitationsgesetzes z. B. ist wahr, wenn sich in der Realität je zwei Körper wirklich so anziehen, wie dieses Gesetz es behauptet; leider ist uns aber diese Realität nicht ohne weiteres zugänglich, so daß wir nicht recht in die Lage kommen, festzustellen, daß ein Satz wahr ist; aber das ist unser menschliches Pech, am Wesen der Sache wird dadurch nichts geändert.

Entgegen dieser metaphysischen Auffassung, Wahrheit bestehe in der – doch nicht feststellbaren – Übereinstimmung mit der Realität, bekennen wir uns zur *pragmatistischen* Auffasung: Wahrheit eines Satzes besteht in seiner *Bewährung.*[17] Freilich wird dadurch die Wahrheit ihres absoluten, ewigen Charakters entkleidet, sie wird relativiert, sie wird vermenschlicht, aber der Wahrheitsbegriff wird *anwendbar!* Und welchem Zwecke könnte ein Wahrheitsbegriff dienen, der nicht anwendbar ist?

Worin nun besteht die Bewährung eines Satzes? H. Poincaré hat gesagt – und er hat darin gewiß recht – das Wesen der Naturwissenschaft bestehe darin, daß sie Voraussagen macht, und zwar Voraussagen über unmittelbar Beobachtbares. Indem ich das Gravitationsgesetz ausspreche, mache ich implizit die Voraussage: der Stein, den ich jetzt schleudere, wird sich so und so bewegen, die Planeten werden morgen um neun Uhr abends – falls der Himmel nicht bewölkt ist – an den und jenen Stellen des Himmels zu sehen sein.

Insolange nun die Voraussagen, die aus einem Satze der Naturwissenschaft fließen, zutreffen, oder wenigstens in der überwie-

---

17 In den Hauptwerken des Pragmatismus:
 J. Dewey. Studies in Logical Theorie. 1903. S. 106 ff.
 »Das was als hinreichend gesichert als Grundlage fernerer Handelns gelten kann, wird als wirklich und wahr betrachtet.«
 W. James. Der Pragmatismus. 1908. Seite 51. New York 1907, S. 80.
 »(Als wahr gilt) was uns am besten führt, was für jeden Teil des Lebens am besten paßt, was sich mit der Gesamtheit der Erfahrungen am besten vereinigen läßt.«

genden Mehrzahl der Fälle zutreffen, bewährt sich dieser Satz, er wird als wahr bezeichnet und es wird an ihm festgehalten (wie dies beim Gravitationsgesetze bis vor kurzem der Fall war); mehren sich aber Fälle, in denen diese Voraussagen nicht zutreffen, so bewährt sich der Satz nicht, er wird als falsch bezeichnet und fallen gelassen (wie dies mit dem Gravitationsgesetz neuerer Zeit geschah). Man wende hingegen nicht ein, dieser pragmatistische Wahrheitsbegriff sei nicht der wahre Wahrheitsbegriff; das Gravitationsgesetz sei eben immer falsch gewesen, und die Physiker hätten sich nur getäuscht, als sie es wegen seiner Bewährung lange Zeit für wahr hielten. Wer so argumentiert, verwendet den Term »wahr« in illegitimer, metaphysischer Weise, er ist nicht imstande zu sagen, unter welchen wirklich kontrollierbaren Umständen er bereit wäre zu behaupten, »Das Gravitationsgesetz ist wahr«.

Poincaré war der Meinung, gerade dadurch, daß sie Voraussagen mache, unterscheide sich die Naturwissenschaft von der Geschichtswissenschaft; wenn der Historiker sage: »Hier hat Johann ohne Land geweilt; das ist eine Tatsache, dafür gebe ich alle Hypothesen der Welt hin«, so antworte der Naturwissenschaftler: »Hier hat Johann ohne Land geweilt? Das ist mir ganz egal, er wird nie wieder hier weilen.« So sehr Poincaré darin recht hat, daß das Wesen der Naturwissenschaft im Voraussagen besteht, so wenig hat er – glaube ich – darin recht, daß sie sich dadurch fundamental von der Geschichtswissenschaft unterscheidet. Auch die Aussage: »Hier hat Johann ohne Land geweilt« ist in letzter Linie eine Voraussage, genauer gesagt: eine Anweisung, Voraussagen zu machen, die sich bewähren kann oder nicht, ganz wie ein Satz der Naturwissenschaft; es dreht sich um Voraussagen etwa der Art: bei erneuter, genauerer Durchforschung der vorhandenen Quellen, bei Auffindung neuer Quellen, bei besserer Kenntnis der Gesetzmäßigkeiten im Ablauf historischer Ereignisse, werden die Menschen, die sich damit beschäftigen, immer wieder sagen: Hier hat Johann ohne Land geweilt. Tatsächlich ist die Bestätigung solcher Voraussagen durch die Beobachtung, ist diese Bewährung das einzige Kriterium für die Wahrheit eines historischen Satzes und daher auch der Sinn dieser Wahrheit. Denn ebensowenig wie bei einem naturwissenschaftlichen Satze kann bei einem historischen Satze das Kriterium der Wahrheit Übereinstimmung mit der Realität sein. Es ist doch nicht so, daß sich die historischen Tatsachen irgendwo – in der Welt der Ideen, im Reiche der Mütter – aufbewahrt finden, wie in einem Museum, und man braucht dort nur nachzuschauen, um festzustellen, ob ein historischer Satz wahr oder falsch ist, nur daß uns armen Menschen leider der Zutritt zu diesem Museum verwehrt ist! Es gibt also keinen prinzipiellen Unterschied zwischen historischer und naturwissenschaftlicher Wahrheit, es gibt ebenso wenig eine absolute historische wie eine absolute naturwissenschaftliche Wahrheit, Kriterium für die eine wie für die andere ist die Bewährung; ein historischer Satz handelt ebenso viel oder ebenso wenig von Tatsachen wie ein naturwissenschaftlicher, er ist ebenso sehr oder ebenso wenig Hypothese wie ein naturwissenschaftlicher. Und ebenso wie jedes Naturgesetz enthält auch jeder historische Satz einen unkonstituierbaren Term: nämlich die grammatikalische Form der Vergangenheit.

Auch darin kann man nicht eine prinzipielle Trennungslinie zwischen historischen und physikalischen Wissenschaften finden wollen, daß die historischen Wissenschaften von menschlichem Verhalten handeln, während menschliches Verhalten in die Physik nicht eingehe. Ganz abgesehen davon, daß der Physiker vergangenen Beobachtungen, den eigenen wie denen anderer, ganz genau so gegenübertritt, wie der Historiker seinen Quellen – auch die Voraussagen, an denen sich ein physikalischer Satz zu bewähren hat, beziehen sich größtenteils auf menschliches Verhalten. Diese Voraussagen haben nicht nur die Form: »wenn du ins Spektroskop schaust, wirst du eine gelbe Linie sehen« und es ist nicht so, daß wenn ich hineinschaue und die gelbe Linie nicht sehe, schon die Nichtbewährung des physikalischen Satzes, aus dem die Vorhersage floß, festgestellt würde – auch ein Blinder kann schließlich Physik treiben und es wird ihm nicht einfallen, alle physikalischen Sätze zu leugnen, aus denen Voraussagen über Farbwahrnehmungen fließen. Zu den Voraussagen, an denen ein physikalischer Satz sich zu bewähren hat, gehören eben auch solche wie: »Wenn du einen andern Menschen veranlaßt, in das Spektroskop zu schauen, so wirst du hören, daß er sagt: ich sehe eine gelbe Linie« und viele ähnliche.

Wo also sollte man eine prinzipielle Trennungslinie zwischen Physik, Geschichte, Soziologie, Psychologie ziehen? Alle diese Disziplinen sind völlig miteinander verflochten, sie alle werden prinzipiell nach derselben Methode getrieben, in ihnen allen ist

Kriterium der Wahrheit die Bewährung – es gibt, wie wir schon eingangs sagten, nur eine Wissenschaft: die *Einheitswissenschaft*.

Damit bin ich am Ende meiner Ausführungen. Ich weiß wohl, daß das, was ich vorbrachte, vielfach bestritten wird; denn wir stehen mit unseren Ansichten in einem schweren Zweifronten-kampf: gegen den sogenannten gesunden Menschenverstand einerseits, dem unsere Ansichten paradox erscheinen, weil sie ungewohnt sind (aber der »gesunde« Menschenverstand würde besser der träge Menschenverstand heißen, denn er ist nichts anderes als der Niederschlag alter, bequem und deshalb lieb gewordener Denkgewohnheiten und wehrt sich gegen alles Ungewohnte), und gegen den angeblichen Tiefsinn der Metaphysik, der in Wirklichkeit Un-Sinn ist. Aber wenn auch die Überzahl der Gegner groß ist und sie ihre Stellungen durch Jahrtausende ausgebaut haben, so wissen wir doch, daß unsere Gedanken siegreich vordringen, und unser Leitstern im Kampfe bleiben die Worte, die Boltzmann seiner Mechanik voranstellte:

> Bring vor, was wahr ist;
> schreib so, daß es klar ist
> und verficht's, bis es mit dir gar ist!

Bibliographie der Bücher und Aufsätze
von Hans Hahn

Die folgenden Angaben sind der von K. Mayrhofer kurz nach Hans Hahns Tod zusammengestellten und gedruckten Bibliographie entnommen (*Monatshefte für Physik und Mathematik*, Band 41, S. 231-238). Rezensionen sind hier nicht aufgenommen worden, da sie in der Regel keinen philosophischen Inhalt hatten; die in diesem Band S. 66 ff. abgedruckte »Besprechung von Alfred Pringsheim: *Vorlesungen über Zahlen- und Funktionslehre*« stellt offenbar die einzige Ausnahme dar.

Bücher und Monographien

Weiterentwicklung der Variationsrechnung in den letzten Jahren. Mit E. Zermelo. Enzyklopädie d. mathem. Wissensch. (B. G. Teubner, Leipzig.) II A, 8a (1904).

Arithmetik, Mengenlehre, Grundbegriffe der Funktionenlehre. E. Pascal, Repertorium d. höheren Mathem. (B. G. Teubner, Leipzig.) Bd. 1, 1, Kap. 1 (1910).

Variationsrechnung. Ibidem. Bd. 1, 2, Kap. XIV (1927).

Die Theorie der Integralgleichungen und Funktionen unendlich vieler Variablen und ihre Anwendung auf die Randwertaufgaben bei gewöhnlichen und partiellen Differentialgleichungen. Mit L. Lichtenstein und J. Lense.) Ibidem. Bd. 1, 3, Kap. XXIV (1929).

B. Bolzano, Paradoxien des Unendlichen. Anmerkungen von H. Hahn. (F. Meiner, Leipzig 1920.)

Theorie der reellen Funktionen I. (J. Springer, Berlin 1921.)

Einführung in die Elemente der höheren Mathematik. Mit H. Tietze. (S. Hirzel, Leipzig 1925.)

Reelle Funktionen I. (Akad. Verlagsges., Leipzig 1932.)

Überflüssige Wesenheiten (Occams Rasiermesser). (A. Wolf, Wien 1930.) [In diesem Band, S. 21 ff.].

Logik, Mathematik und Naturerkennen. Einheitswissenschaft, Heft 2. (Gerold & Co., Wien 1933.) [In diesem Band, S. 141 ff.].

Krise und Neuaufbau in den exakten Wissenschaften. Fünf Wiener Vorträge. H. Hahn: Die Krise der Anschauung. (F. Deuticke, Leipzig und Wien 1933.) [In diesem Band, S. 86 ff.].

Alte Probleme – Neue Lösungen in den exakten Wissenschaften. Fünf Wiener Vorträge. Enthält H. Hahn: Gibt es Unendliches? (F. Deuticke, Leipzig und Wien 1934.) [In diesem Band, S. 115 ff.].

Set Functions. Continuation of *Reelle Funktionen*, ergänzt von A. Rosenthal (University of New Mexico Press, Albuquerque, N. M., 1948.)

Veröffentlichungen in Zeitschriften

Acta mathematica: Über eine Verallgemeinerung der Fourierschen Integralformel. **49** (1926).

Annali di Matematica: Über die Abbildung einer Strecke auf ein Quadrat. (III) **21** (1913).

Annali di Pisa: Über die Multiplikation total-additiver Mengenfunktionen. (II) **2** (1933).

Anzeiger der Akademie der Wissenschaften in Wien: Über die nichtarchimedischen Größensysteme. **44** (1907). – Über Extremalenbögen, deren Endpunkt zum Anfangspunkt konjugiert ist. **46** (1907). – Über einfach geordnete Mengen. **50** (1913). – Über die Darstellung gegebener Funktionen durch singuläre Integrale. **53** (1916). – Über halbstetige und unstetige Funktionen. **54** (1917). – Einige Anwendungen der Theorie der singulären Integrale **55** (1918). – Über irreduzible Kontinua. **58** (1921). – Dankschreiben f. d. Verleihung d. R. Lieben-Preises. **58** (1921). – Dankschreiben f. seine Wahl zum korr. Mitglied. **58** (1921). – Über ein Existenztheorem der Variationsrechnung. **62** (1925). – Über die Methode der arithmetischen Mittel **62** (1925). – Über additive Mengenfunktionen. **65** (1928). – Über stetige Streckenbilder. **65** (1928). – Über unendliche Reihen und total-additive Mengenfunktionen. **65** (1928). – Über den Integralbegriff. **66** (1929). – Über separable Mengen. **70** (1933).

Archiv der Mathematik und Physik: Über die Menge der Konvergenzpunkte einer Funktionenfolge. III, **28** (1919).

Atti del Congresso Internazionale dei Matematici, Bologna 1928: Über stetige Streckenbilder.

Bulletin of the Calcutta Mathematical Society: Über unendliche Reihen und absolutadditive Mengenfunktionen. **20** (1930).

Denkschriften der Akademie der Wissenschaften in Wien, math.-naturw. Kl.: Über die Darstellung gegebener Funktionen durch singuläre Integrale I und II. **93** (1916).

Erkenntnis: Die Bedeutung der wissenschaftlichen Weltauffassung, insbesondere für Mathematik und Physik. **1** (1930) [In diesem Band, S. 38 ff.]. – Diskussion zur Grundlegung der Mathematik. **2** (1931) [In diesem Band, S. 48 ff.].

Festschrift der 57. Versammlung Deutscher Philologen und Schulmänner in Salzburg: Über den Integralbegriff. (1929).

Forschungen und Fortschritte: Empirismus, Mathematik, Logik. **5** (1929) [In diesem Band, S. 55 ff.].

Fundamenta mathematica: Über die Komponenten offener Mengen. **2** (1921).

Jahresbericht der Deutschen Mathematiker – Vereinigung. Bericht über die Theorie der linearen Integralgleichungen. **20** (1911). – Über die allgemeinste ebene Punktmenge, die stetiges Bild einer Strecke ist. **23** (1914). – Über Fejérs Summierung der Fourierschen Reihe. **25** (1916). – Über stetige Funktionen ohne Ableitung. **26** (1918). – Über die Vertauschbarkeit der Differentiationsfolge. **27** (1919). – Arithmetische Bemerkungen. (Entgegnung auf Bemerkungen des Herrn J. A. Gmeiner.) **30** (1921). – Schlußbemerkungen hiezu. **30** (1921). – Über Funktionaloperationen. **31** (1922). – Über die Darstellung willkürlicher Funktionen durch bestimmte Integrale. (Bericht.) **30** (1921). – Über Fouriersche Reihen und Integrale. **33** (1924).

Journal für die reine und angewandte Mathematik: Über lineare Gleichungssysteme in linearen Räumen. **157** (1927).

Mathematische Annalen: Bemerkungen zur Variationsrechnung. **58** (1904). – Über die Herleitung der Differentialgleichungen der Variationsrechnung. **63** (1907). – Über räumliche Variationsprobleme. **70** (1911).

Mathematische Zeitschrift: Über das Interpolationsproblem. **1** (1918). – Über Funktionen mehrerer Veränderlicher, die nach jeder einzelnen Veränderlichen stetig sind. **4** (1919). – Über die stetigen Kurven der Ebene. **9** (1921).

Monatshefte für Mathematik und Physik: Zur Theorie der zweiten Variation einfacher Integrale. **14** (1903). – Über die Lagrangesche Multiplikatorenmethode in der Variationsrechnung. **14** (1903).– Über Funktionen komplexer Veränderlichen. **16** (1905). – Über den Fundamentalsatz der Integralrechnung. **16** (1905). – Über punktweise unstetige Funktionen **16** (1905). – Über einen Satz von Osgood in der Variationsrechnung. **17** (1906). – Über das allgemeine Problem der Variationsrechnung. **17** (1906). – Bemerkungen zu den Untersuchungen des Herrn M. Fréchet: Sur quelques points du calcul fonctionnel. **19** (1908). – Über die Anordnungssätze der Geometrie. **19** (1908). – Über Bolzas fünfte notwendige Bedingung in der Variationsrechnung. **20** (1909). – Über Variationsprobleme mit variablen Endpunkten. **22** (1911). – Über die Integrale des Herrn Hellinger und die Orthogonalinvarianten der quadratischen Formen von unendlich vielen Veränderlichen. **23** (1912). – Ergänzende Bemerkung zu meiner Arbeit über den Osgoodschen Satz in Band 17 dieser Zeitschrift. **24** (1913). – Über eine Verallgemeinerung der Riemannschen Integraldefinition. **26** (1915). – Über Folgen linearer Operationen. **32** (1922). – Über Reihen mit monoton abnehmenden Gliedern. **33** (1923). – Die Äquivalenz der Cesàroschen und Hölderschen Mittel. **33** (1923).

Die Naturwissenschaften: Mengentheoretische Geometrie. **17** (1929).

Rendiconti del Circolo Matematico di Palermo: Über den Zusammenhang zwischen den Theorien der zweiten Variation und der Weierstraßschen Theorie der Variationsrechnung. **29** (1910).

Sitzungsberichte der Akademie der Wissenschaften in Wien, math.-naturw. Klasse: Über die nicht-archimedischen Größensysteme. **116** (1907). – Über Extremalenbogen, deren Endpunkt zum Anfangspunkt konjugiert ist. **118** (1909). – Über einfach geordnete Mengen. **122** (1913). – Über Annäherung an Lebesguesche Integrale durch Riemannsche Summen. **123** (1914). – Mengentheoretische Charakterisierung der stetigen Kurve. **123** (1914). – Über halbstetige und unstetige Funktionen. **126** (1917). – Einige Anwendungen der Theorie der singulären Integrale. **127** (1918). – Über irreduzible Kontinua. **130** (1921). – Über die Lagrangesche Multiplikatorenmethode. **131** (1922). – Über ein Existenztheorem der Variationsrechnung. **134** (1925). – Über die Methode der arithmetischen Mittel in der Theorie der verallgemeinerten Fourierschen Integrale. **134** (1925).

H. Weber-Festschrift, 1922: Allgemeiner Beweis des Osgoodschen Satzes der Variationsrechnung für einfache Integrale.

Zeitschrift für Mathematik und Physik: Über das Strömen des Wassers in Röhren und Kanälen (mit G. Herglotz und K. Schwarzschild). **51** (1904).

Register